手编 **Lesson**

U0199711

初次尝试编织宝宝衣装

Knitted goods
for your angel

（日）朝日新闻出版　编著

杜怡萱　译

上海科学技术出版社

目 录

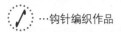…钩针编织作品　　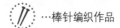…棒针编织作品

关于尺寸的说明

本书中的尺寸是用宝宝的月龄来表示的。因为个体差别，可能会存在些许误差，所以这里将右侧的数字作为标准尺寸，请参考。

月龄		身高
0～ 6个月	………	～65 cm
6～12个月	………	65～75 cm
12～18个月	………	70～80 cm
18～24个月	………	80～90 cm

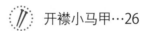

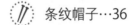

开始编织之前

【关于线】

线的粗细和材质是各种各样的，其中材质可分为棉、羊毛、腈纶等。

a.

b.

c.

a. 有机棉线
100% 有机棉线（含 3 年无农药有机栽培的棉），质地柔软亲肤，即使是新生儿也能够放心使用。

b、c. 毛腈混纺线
腈纶和羊毛混纺线，可用洗衣机洗涤。其特点为不易起球、不易产生静电，所以尤为适合小宝宝。

取线方法

将线的一端从里面抽出来使用。如果从外圈取线，使用时线团滚动会不便于编织，线也很容易缠到一起。将手指伸入线团内，捏出一小团线，找到线端。

对于卷成环形的线团来说，也是将外面的纸标签取下后按照同样的方式抽取线端使用。

本书中使用的线

图片都是跟实物一样大的。根据作品的不同，也会存在使用的针和适合的针不一致的情况。

● 棉（有机纯棉毛线）100%
钩针3/0号、棒针3号（3.0 mm）

● 棉（纯棉有机毛线）100%
钩针5/0号、棒针5～6号（3.6～3.9 mm）

● 棉（纯棉有机毛线）100%
钩针5/0号、棒针5～6号（3.6～3.9 mm）

● 棉（纯棉有机毛线）100%
钩针5/0号、棒针5～6号（3.6～3.9 mm）

● 棉（纯棉有机毛线）100%
钩针3/0号、棒针3号（3.0 mm）

● 棉（超长棉）100%
钩针3/0～4/0号、棒针4～5号（3.3～3.6 mm）

● 腈纶60%、羊毛40%
钩针5/0号、棒针5～6号（3.6～3.9 mm）

● 腈纶70%、羊毛30%
钩针5/0号、棒针6～7号（3.9～4.2 mm）

● 腈纶100%
钩针2/0号、棒针2号（2.7 mm）

● 羊毛70%、腈纶30%
钩针5/0～6/0号、棒针6～7号（3.9～4.2 mm）

标签解读

贴在线卷的标签上，标注这卷毛线的相关信息。

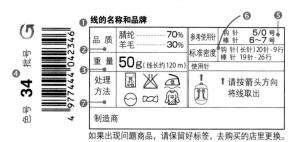

如果出现问题商品，请保留好标签，去购买的店里更换。

❶ 线的名称　❷ 线的材质　❸ 1卷线的重量和长度

❹ 色号和批号
批号是指染色时所编的序号。色号相同批号不同，毛线会有稍许色差。当需要购买很多卷毛线的时候，尽量选择同一批号。

❺ 选择最适合这卷毛线的棒针或钩针进行编织

❻ 标准密度
标准密度是指用合适的针编织这卷线时的标准密度。本书中是指棒针于上下针编织、钩针于长针钩织时的密度（参考第5页的"关于密度"）。

❼ 洗涤、熨烫时的方法和注意点

【 关于针 】

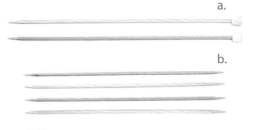

a. 珠子棒针 2 根
棒针一侧安有珠子，这样针眼就不容易滑落了。

b. 4 根棒针、5 根棒针
两头都是针，都能用来编织。在编织帽子、领窝、袖窝等需要织成环状的部位使用。有长针（特长 4 根棒针）和短针（短 5 根棒针），编织小物品的时候短针比较好用。

钩针

钩针是前端呈钩子状的编织工具。根据粗细程度可以分为 2/0 ~ 10/0 号，数字越大对应的钩针也越粗。根据编织线的种类选择使用不同号数的针。图片里的针装有握柄，推荐初学者使用。

棒针

棒针是前端比较尖锐的编织工具。根据粗细程度可分为 0 ~ 15 号，数字越大对应的棒针也越粗。根据使用的编织线不同选择不同型号的棒针。

【 关于工具 】

毛线缝合针

比普通的缝衣针粗一些，针头较圆滑，在处理线端或者缝合织片的时候使用。

剪刀

前端很尖锐，更易将线头剪断。

卷尺

用于测量织片的尺寸。

毛线绷针

针脚细长，针头圆滑，固定织片时使用。

固定圈

固定圈既可以穿在织片上，也可以穿在针上，作为标记物使用。

橡胶帽

橡胶帽是为了避免棒针上的织片滑落，可装在棒针的一端。

防绽别针

棒针编织时用于空针时使用的别针。

【 关于密度 】

密度表示在一定大小的织片上（10 cm×10 cm），有多少针多少行。另外，密度也会用一组花纹的大小或者一块图案来表示。
编织作品的时候，符合一定的密度是十分重要的。编织的手法因人而异，如果不按照规定的密度进行编织，很可能会出现辛苦编织出的衣服没法穿的情况。所以在正式编织之前，先尝试编织一块 15 cm×15 cm 的织片吧。

密度的调整方法

当编织织片的密度和标准密度有误差的情况下，请按照以下方法进行调整。

• 比标准针数、行数多的情况
织得比较紧的时候，织片可能会比标准作品小，这个时候可以用比标准棒针粗 1 ~ 2 号的棒针进行编织。

• 比标准针数、行数少的情况
织得比较松的时候，织片可能会比标准作品大，这个时候可以用比标准棒针细 1 ~ 2 号的棒针进行编织。

长针织　15 针 ×9 行 = 10 cm×10 cm

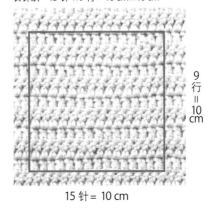

9 行 = 10 cm

15 针 = 10 cm

上下针织　17 针 ×23 行 = 10 cm×10 cm

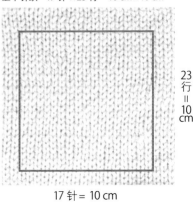

23 行 = 10 cm

17 针 = 10 cm

斜襟式马甲

0～12个月
如何制作…第 8 页

腰间的系绳可以适当调整尺寸，因此这款马甲能从出生开始穿到蹒跚学步。

a 为女孩款，边缘钩织的小花边十分可爱；b 为男女通用的款式，样式简单好搭配。

设计…河合真弓
制作…关谷幸子

a

b

斜襟式马甲　photo … 第6页

a

b

准备材料
a 有机纯棉毛线,粉色130 g
b 有机纯棉毛线,奶白色125 g
双头钩针5/0 号
b 纽扣2 粒（直径1.8 cm）
密度 花样编织　1组花样=3 cm,12行=10 cm
尺寸 后身宽27 cm,衣长34 cm,肩宽21 cm

编织方法　1股线编织
❶ 前后片一共锁139 针起针,用花样编织 18 行。两侧减针织前领窝,织 3 行。从袖窝处开始前后分开减针织 18 行。
❷ 肩部织片表面对齐,以卷针缝合。
❸ 下摆、前端、领窝、袖窝处沿边缘编织,b 款要留出扣眼位置。
❹ a 款编织 4 根绳子、b 款编织 2 根绳子,缝在衣服上。b 款要缝上纽扣。

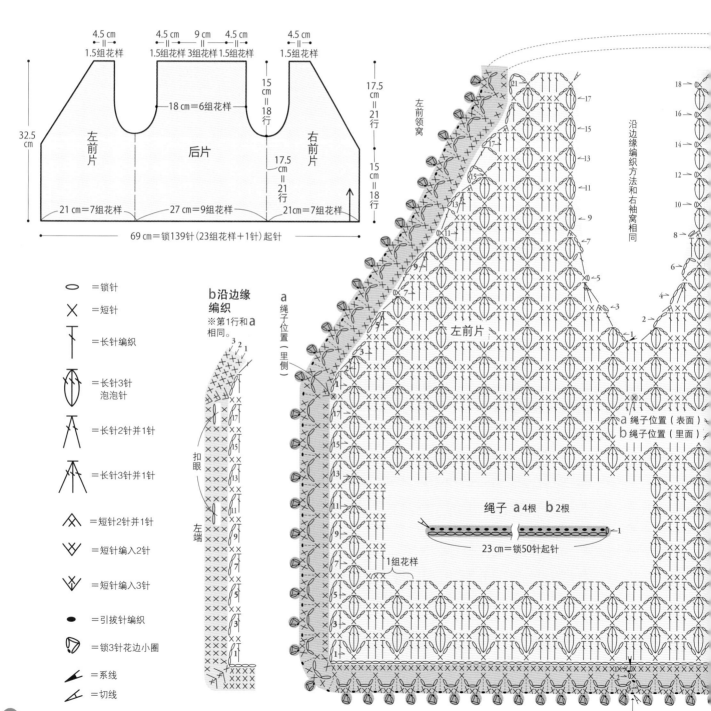

符号说明

○ =锁针
× =短针
┬ =长针编织
◖◗ =长针3针 泡泡针
⋀ =长针2针并1针
⋀ =长针3针并1针
⋀ =短针2针并1针
⋁ =短针编入2针
⋓ =短针编入3针
● =引拔针编织
▷ =锁3针花边小圈
✂ =系线
✂ =切线

尺寸图

4.5 cm　1.5组花样
4.5 cm　9 cm　4.5 cm　1.5组花样　3组花样　1.5组花样
4.5 cm　1.5组花样

左前片　后片　右前片

18 cm=6组花样

15 cm=18行

17.5 cm=21行
15 cm=18行

17.5 cm=21行
15 cm=18行

32.5 cm

21 cm=7组花样　27 cm=9组花样　21 cm=7组花样

69 cm=锁139针(23组花样+1针)起针

b 沿边缘编织
※第1行和a相同。

扣眼
左端

a 绳子位置（里侧）

左前领窝

沿边缘编织方法和右袖窝相同

左前片

a 绳子位置（表面）
b 绳子位置（里面）

绳子 a 4根 b 2根
23 cm=锁50针起针

1组花样

侧身

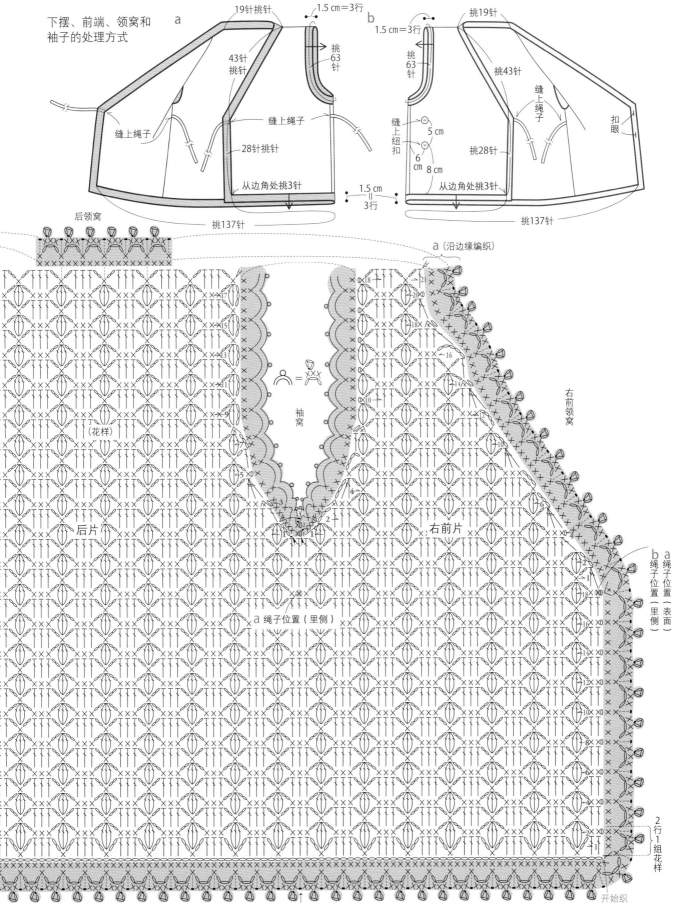

下摆、前端、领窝和
袖子的处理方式

a
b

19针挑针
挑19针
1.5 cm = 3行
挑63针
挑
63
针
43针挑针
挑43针
28针挑针
缝上绳子
缝上绳子
缝上绳子
从边角处挑3针
从边角处挑3针
缝上纽扣
5 cm
6 cm
8 cm
挑28针
扣眼
1.5 cm = 3行
1.5 cm = 3行
挑137针
挑137针

后领窝

a（沿边缘编织）

袖窝

后片
右前片
右前领窝

（花样）

a 绳子位置（里侧）
b a 绳子位置（表面）
绳子位置（里侧）

2 行 1 组花样

侧身
开始织

斜襟式马甲的编织方法

 *为了帮助理解，更换了部分线的颜色进行说明。

❶ 编织前后身

起针

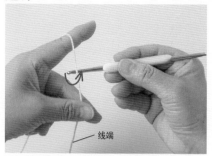

1 左手拿线，右手握针。按照图示方法用钩针钩住线。

线端

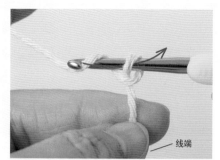

2 钩住线后将其拉出。

线端

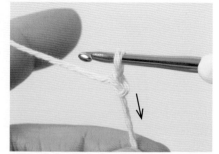

3 拉紧线端之后织成一个环形，这就完成了一端的1针。
*这一针不计入总针数。

锁针 ⬭

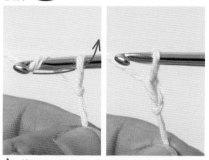

4 按照图示箭头方向将线抽出，完成锁针1针。

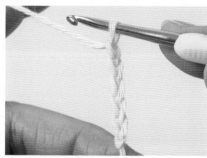

5 重复步骤4，锁针139针。

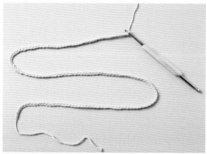

6 编织好的样子。起针完成！
*起针的这一行不计入总行数。

花样编织的第1行　长针编织 ⊤

7 锁针3针。

锁3针
起针

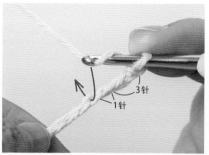

8 先将针穿入起针部分第2针的针眼里编织，再将针穿入后来锁针部分的线结里。

3针
1针

9 按图示箭头方向抽出一行约1/2高度的线。

＊ 起立针

【起立针】指的是，在每一行开始编织的时候，为了显示出织片的高度而编织的部分。辫子部分锁针针数的不同会影响织片的大小。

中长针织、长针织…辫子部分的针数计算在总针数中
短针…辫子部分的针数不计算在总针数中

短针织　　　　　中长针织　　　　　长针织

1针=1行　　　　2针=1行　　　　　3针=1行
1针　　　　　　1针　　　　　　　1针

＊ 锁针的线结

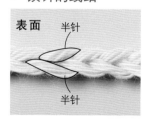

表面　半针
半针

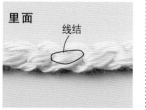

里面
线结

图中锁针针眼的表面能看到2股线，这个叫做"锁针的半针"；里侧有突起的部分，这个叫做"锁针的线结"。挑起线结进行编织的话，锁针的针眼会显得整齐、美观。

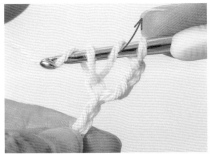

10 用钩针钩住线，将2个线圈一起钩过来。

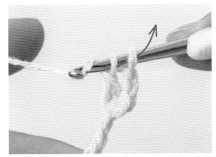

11 继续用钩针钩住线，按图示用线穿过钩针上的所有线圈。

12 完成1针长针。

短针编织 ✕

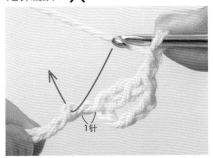

13 锁针2针。起针部分空出1针之后，将针穿入图示线结中。

14 钩住线之后将线抽出。

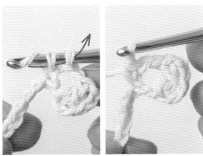

15 将2个线圈一起钩过来。完成1针短针。

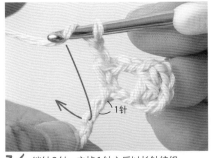

16 锁针2针，空掉1针之后以长针编织。

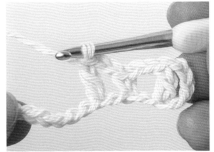

17 完成1组花样。

18 用同样的要领编织花样。

第2行

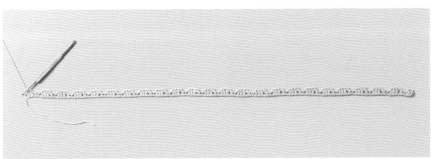

19 第1行完成。

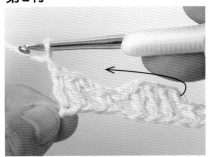

20 编织1针起立针之后按照图示箭头方向将织片转过去。

* 在翻转织片之前将起立针编织好。

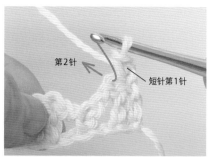

第2针
短针第1针

21 将针穿入长针织针眼的针头部、用短针针法编织。接着继续编织1针。

* 头和尾指的是什么?

"头"指的是在针眼上方,像小链子一样的部分。"尾"指的是针眼上像柱子一样的部分。

短针织　　　　　长针织

长针3针泡泡针

22 2针锁针编织泡泡针。钩针钩住线之后将针穿入短针第1行的针眼中,将线抽出。

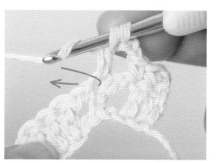

23 按照第10、11页步骤9、10的要领编织长针织法的一半,将针穿入同样的针眼位置,编织未完成的长针。

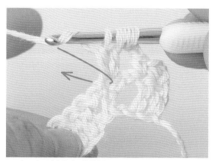

24 织1针未完成的针眼。

* 未完成的长针

指的是最后不进行抽线,将线圈直接留在钩针上的长针编织。在编织泡泡针或者"几针并一针"时,编织数针这种针法之后再将针眼一并抽出。中长针编织的时候,这种针法叫做"未完成的中长针"。

未完成的长针　　　未完成的中长针

25 整理好3针针眼的高度之后,钩针钩上线,按图示一次抽出。

26 完成"长针3针泡泡针"。

27 锁2针之后,织1针短针。

第3行

28 重复步骤21～27,织完1行。

29 结尾处织2针短针。编织第2针的时候,钩住前一行起立针第3针的半针和线结部分的两股线进行编织。

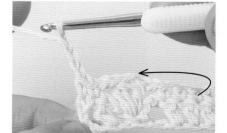

30 第3行同第1行一样编织。编织3针起立针之后,将织片翻过来。

31 长针织1针，锁针2针。把钩针插入第2行泡泡针针眼的针头处编织短针。

32 锁针织2针，将针插入第2行短针针扣的针头处，长针编织。

33 重复步骤31、32，编织1行。

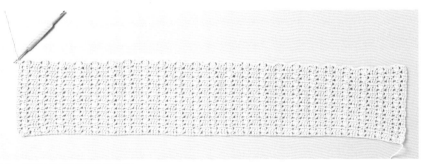

34 重复2行1组花样编织18行。
*这个作品的第1行为反面，所以第18行编织完成后为正面。

领窝减针 / 第1行

35 编织3针起立针之后将织片翻过来，长针编织。用锁针和长针编织2针并1针。

长针编织2针并1针 A

36 继续编织。

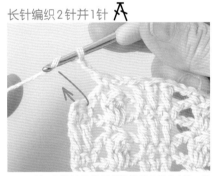

37 第1行的结尾处用长针织法2针并1针。钩针钩住线之后，将针插入前一行短针的针眼里，编织未完成的长针。

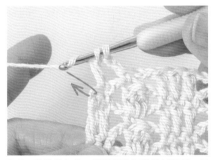

38 将针插入前一行相邻的短针的针眼里，用同样的方式编织未完成的长针。

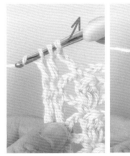

39 将全部的线圈按照图示一同抽出，完成"长针编织2针并1针"。

* 织到一半，线不够用了怎么办？

反

织最后1针时，钩住新线之后将线抽出。线端留出10 cm左右的长度，将线端处理到织片中去（参考第15页）。

13

第2行

40 第2行先锁针编织3针起立针，然后用同样的花样编织。

41 在第2行的最后，编织完3针未完成的长针后，不要将线抽出，直接用钩针钩住线，将针插入前一行锁针部分的第3针针眼里，编织未完成的长针。

42 按照图示，将全部的线圈一同抽出。

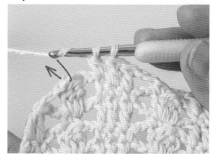

43 按照图示，第3行减针编织。最后长针编织2针并1针的第2针是将针插入前一行泡泡针的针头处来编织。

前后片分开编织/右前片

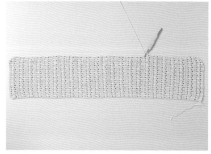

44 从第4行开始，往返循环编织右前片。

长针编织3针并1针

45 第5行的结尾处，按照长针编织2针并1针的要领编织3针未完成的长针。

46 按照图示，将全部的线圈一同抽出，完成"长针编织3针并1针"。

短针2针并1针

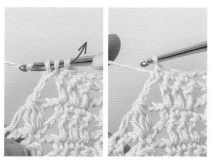

47 第6行的结尾处（袖窝的第3行），编织短针2针并1针。将针插入前一行长针编织针眼的针头位置后将线抽出来，再将针插入锁针的第3针处将线抽出来。

48 按照图示，将全部的线圈一同抽出，完成"短针2针并1针"。

编织完成

49 第7行以后也用同样的方式编织，一边参考图片一边编织右前片。最后织完长针部分之后，再一次将线抽出。

50 留出约30 cm的长度后将线剪断、抽出。

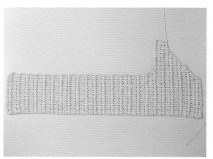

51 右前片完成。

后片

52 在右侧位置穿入新线，将针插入长针编织针眼的针头位置之后将线抽出。

53 锁针3针之后编织泡泡针。

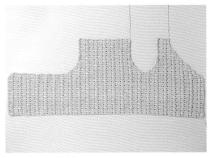

54 按照图示，左右减针编织后片，收尾时按照步骤49、50处理。后片编织完成。

前左片

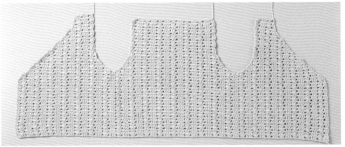

55 在指定的位置缝上线，按图示编织，完成身体部分的织片。
*这一阶段完成之后，参考第34页的方法将织片熨一下。
肩膀部位的线暂时先留着。

> **＊ 线的处理**
>
>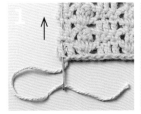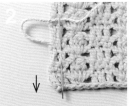
>
> 线的一端出约10 cm长，穿上缝纫针。将针穿入织片里侧约3 cm处，按"U"字形穿线。剩下的线头直接剪掉。

❷ 缝合肩部
卷针缝合

56 织片正面对齐，用缝纫针穿上左前片留出的线。

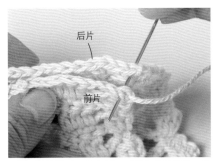

57 将针从对面方向插入对面和手前织片一端短针的针眼中，将线抽出。

58 再一次将针插入同一针眼中，将线抽出。

59 从下一针开始，都从对面方向将针依次穿入2块织片的针眼中，将线抽出。

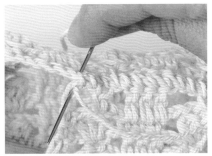

60 缝至一端的最后一针，在同一针眼的位置将线从织片的里侧抽出后处理线端。

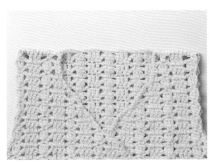

61 右侧肩部也用同样的方式处理。完成身体部分的织片。

沿边缘编织第1行

62 在左前身的一侧穿上新线（参考第52页的要领），织起立针1针之后，用短针织2针。
*钩住起针的锁针部分留出的2股线进行编织。

63 将锁针部分全部钩住后以短针编织。

64 边角部位用短针织3针。

短针织入2针 ⋎

65 钩住长针部分的针脚用短针织2针，织下一针时，钩住起立针针眼进行编织。

66 重复步骤65，继续编织。

67 前片的第18行，在同一针的位置织入2针。这就叫做"短针织入2针"。

引拔针编织 ●

68 减针部分也是按照相同的要领，对照图示用短针编织。

69 编织完成一周之后，将针插入最开始的短针编织的针眼里。

70 钩住线之后将线抽出，这就叫做"引拔针编织"。

第2行

71 起立针1针之后，短针织1针，锁针织3针，再空出前一行的短针2针继续编织。

72 重复"短针织1针、锁针织3针"的步骤织完1行。边角位置空出前一行的短针1针。

73 将针插入第1针短针的针眼里，按照步骤69、70的方法引拔针编织。

第3行 锁3针的花边小圈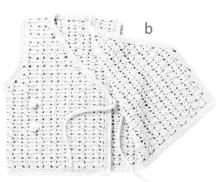

74 钩住前一行全部的锁针后编织2针短针。接着锁针3针，然后按照图示箭头指示将针穿过短针部分的头半针和针脚。

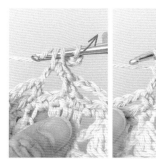

75 将全部的线圈按照图示一同抽出，完成"锁3针的花边小圈"。

76 再织1针短针，在前一行的短针处引拔针编织。

77 重复步骤74~76编织1行，收尾部分引拔针编织。

b款的沿边缘编织

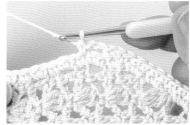

第1行和a款一样编织。第2行也用短针编织，左前的两个位置锁2针。
编织第3行时，将前一行的锁针针眼全部钩住之后用短针法编织。空出的部分作为扣眼。

袖窝部分的沿边缘编织

78 在袖窝的侧面穿上新线，按照图示沿边缘编织。

④ 编织绳子，缝在衣服上

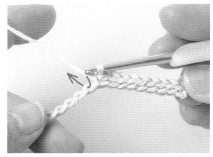

79 锁针50针起针，将钩针插入锁针线结中引拔针编织。

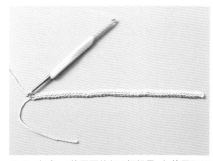

80 完成。a款需要编织4根绳子，b款需要编织2根绳子。

81 用缝纫线将绳子缝在相应的位置。

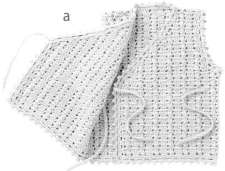

a

绳子缝在图中4个位置。

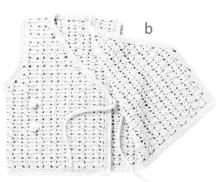

b

绳子缝在图中2个位置，右前片缝上纽扣。

婴儿鞋

0～6个月
如何制作…第 20 页

鞋面点缀着蝴蝶结、绒球，混色毛线编织的多款婴儿鞋，是送给初生婴儿的首选礼物。

设计…野口智子

g

h

i

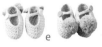

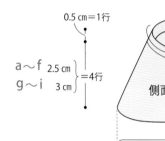

准备材料
有机纯棉毛线,a、e 25 g;b、c、d、f 主体20 g
线球5 g
g、h、i 25 g
腈纶毛线,g、h、i 10 g
※色名、色号参考配色表
双头钩针5/0号
纽扣2粒(直径1.5 cm)
密度
中长针编织 a~f 4行=2.5 cm,g~i 4行=3 cm
尺寸 参考图片

编织方法 a~f 款1股线编织;g~i 款2股线混在一起编织
① 锁针14针起针,起针的两侧挑针织,按照图示用中长针加针编织鞋底。
② 用中长针和短针编织侧面。
③ 在指定的位置穿线,编织鞋带。
④ 缝上纽扣。
⑤ a、e 款于后跟处缝上装饰蝴蝶结;b、c、d、f 款于鞋面上缝上线球。

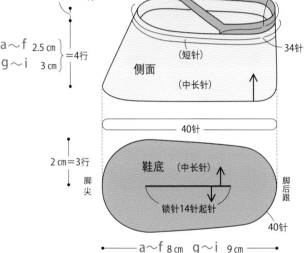

鞋带 （短针）左右对称编织
0.5 cm=1行
16针
0.5 cm=1行
34针
侧面
（短针）
（中长针）
a~f 2.5 cm
g~i 3 cm }=4行
40针
2 cm=3行
脚尖
鞋底（中长针）
锁针14针起针
脚后跟
40针
← a~f 8 cm g~i 9 cm →

配色表

	主体	球球
a	紫色	
b	蓝色	薄荷绿色
c	粉色	黄色
d	黄色	粉色
e	绿色	
f	薄荷绿色	蓝色

※主体、球球都是有机纯棉毛线。

	有机纯棉毛线	腈纶线
g	薄荷绿色	黄色
h	橙色	蔚蓝色
i	蓝色	粉色

○=锁针
×=短针
T=中长针
V=中长针织入2针
∧=中长针2针并1针
●=引拔针编织
✎=穿线
✎=剪线

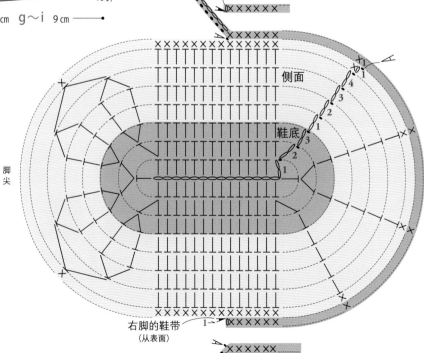

左脚的鞋带（从里侧）
右脚的鞋带（从表面）
左脚的鞋带
脚尖
脚后跟
侧面
鞋底

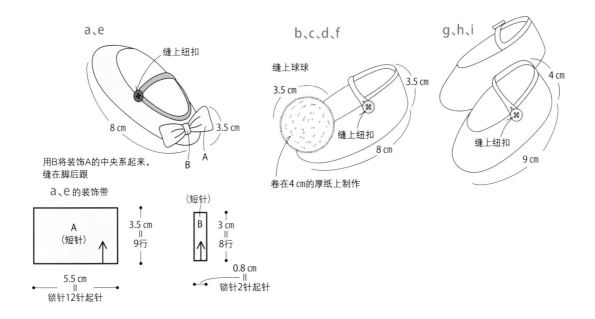

a、e

缝上纽扣

8 cm　　3.5 cm

B　A

用B将装饰A的中央系起来，
缝在脚后跟

b、c、d、f

缝上球球

3.5 cm　　3.5 cm

缝上纽扣

8 cm

卷在4 cm的厚纸上制作

g、h、i

4 cm

缝上纽扣

9 cm

a、e 的装饰带

A（短针）

3.5 cm = 9行

5.5 cm = 锁针12针起针

（短针）

B　3 cm = 8行

0.8 cm = 锁针2针起针

婴儿鞋的编织方法

* a～i 款鞋底、侧面、鞋带的编织方法都是相同的。
* 为了方便理解，将改变部分线的颜色进行说明。

❶ 编织鞋底

起针～第1行

中长针编织 ┳

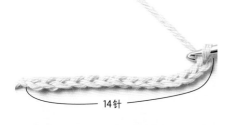

14针

1 参考第10页步骤1～5，起针14针。

2针起立针
1针

2 编织2针起立针，将针插入起针的第2针中。
*用钩针挑锁针部分的线结（参考第10页）。

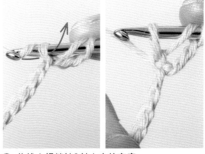

3 将线上提锁针2针左右的高度。

4 按照图示，将钩针上的线圈一同抽出，完成中长针编织第1针。

5 用钩针挑锁针的线结，将1针中长针织入锁针针眼中，一直钩织到另一端。

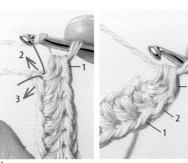

2
3
1
3
2
1

6 最后一针上织入3针中长针。

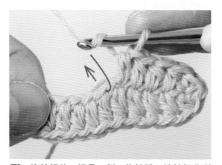

引拔针编织 ●

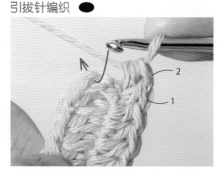

7 旋转织片，织另一侧。将针插入锁针部分剩下的2股线中，以中长针编织。
*这个时候，要将开始编织时一端残留的线织进织片。

8 织到一端会有剩下的针眼，这时候将针插入表面的2股线中，织入2针。

9 织到第1行的末尾，将针插入步骤2中起立针的第2针中。

第2行

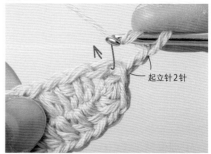

10 按箭头指示将线抽出，这就是引拔针编织。

11 第1行编织完成。

12 编织2针起立针，将针插入上一行锁针第2针中（和步骤9相同），以中长针编织。

中长针织入2针 V

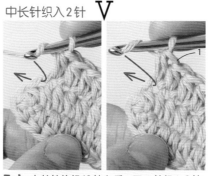

13 从下一针开始，将针插入前一行中长针的针头处，以中长针编织。

14 中长针编织13针之后，下一针织入2针。先是中长针织入1针，接着在同一个位置再用中长针织入1针。

15 这是编织完成的样子。完成中长针织入2针。

第3行

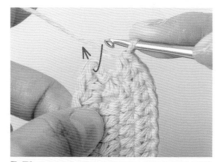

16 接下来的2针也是同样用中长针织入2针加针。

17 参照图片加针织脚后跟。参考步骤9、10引拔针编织。

18 第3行，锁针织2针辫子针，加针织脚尖部分。

❷ 编织侧面

第3行

19 这是第3行完成的样子。鞋底编织完成。

20 第1、2行，锁针织2针辫子针，不加针直接中长针编织。
*不加针的话，织片会织出立起来的筒状效果。

21 第3行，锁针织2针辫子针之后，中长针织14针。

中长针2针并1针 ∧

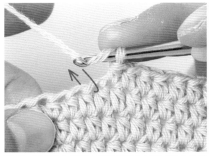

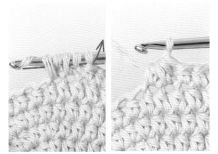

22 将针插入针眼中将线钩出（未完成的中长针编织/参考第12页）。

23 将针插入下一针针眼中将线钩出。

24 整理好线圈的高度之后，用钩针一并钩出，完成"中长针2针并1针"。

短针编织 ╳

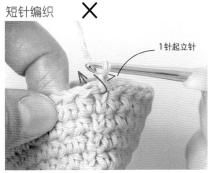

1针起立针

25 下面的6针也是一样，用中长针2针并1针的方法减针编织。完成第3行剩下的部分和第4行（参考第20页的编织图解）。

26 下面一行织1针起立针后用短针编织。接着将针插入前一行辫子部分锁针第2针的针眼中。

27 将线抽出。

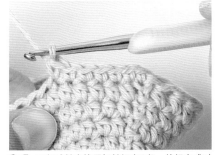

28 将2个线圈一并抽出，完成"短针"的1针。

29 不加减针直接用短针织完1行，编织完成时抽线。

30 鞋子侧面完成。

❸ 编织鞋带 **右脚**

31 在侧面指定的位置穿上新线。将针从手边这一侧穿入织片钩住线，将线抽出。

32 锁针织1针辫子部分，短针编织16针。

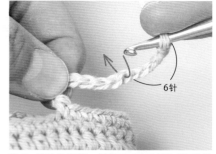

6针

33 锁针织13针，按照图示将针插入第7针的线结里。

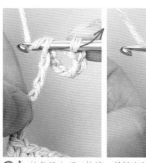

34 钩住线之后，将线一并抽出（引拔针编织）。

35 引拔针合计织7针。最后将针插入一端的短针针眼里，钩住线将线抽出。

36 右脚完成。

左脚

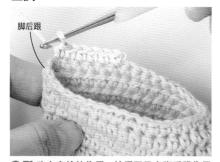

脚后跟

37 改变穿线的位置，按照图示在脚后跟位置用短针编织。

38 右脚以同样的方法编织鞋带部分。

＊ 关于斜行

以短针或者中长针编织圆环的时候，针脚可能会发生些许倾斜，这种情况就叫做"斜行"。斜行的程度根据每个人编织手法不同会有一定的差别。根据图片的指示在指定位置穿线，因为有斜行这种情况的存在，所以可能会导致左右脚鞋带位置的不对称。发生这种状况的时候，可以在编织左脚时，将穿线位置以移动1～2针的方法进行调整。

a、e 缝上蝴蝶结

1 编织装饰带A。锁针12针起针，用短针编织1行。接着织1针起立针，将织片按照图示箭头指示方向折到对侧。

第3行

2 将织片翻转过来用短针织第2行。每织1行将织片翻转一次，一共编织9行。

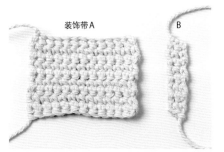

装饰带A　　B

3　编织装饰带B。锁针2针起针之后，用同样的方法编织8行。

反面

4　用装饰带B将装饰带A从中间束起制成蝴蝶结，线端卷针处理。

5　在脚后跟位置缝上蝴蝶结。

b、c、d、f　缝上线球

4 cm

1　厚纸片剪成图示形状，1股线绕在上面。

2　绕65圈之后，将线剪断。

3　将绕好的线圈往右侧移动，用20 cm长的线在线圈中央结实地系上2圈。

4　将厚纸片拿开之后，将线圈的两侧剪开。注意不要将系在上面的线取下来。

5　缝纫针穿上线，从脚尖部位插入，将球球从鞋子里侧固定在鞋面上（线头的处理参考第15页）。

g、h、i　编织鞋带

1　分别从2卷线中将线抽出。

2　将2股线混在一起编织。用手调节2股线的松紧，使针眼保持整齐。

开襟小马甲

0 ～ 12 个月
如何制作…第 28 页

简洁款式的前开襟马甲，适合天气转凉的秋季穿着。
这是一款适合初学者编织的简单作品。

设计…Mariko Oka
制作…指田容子

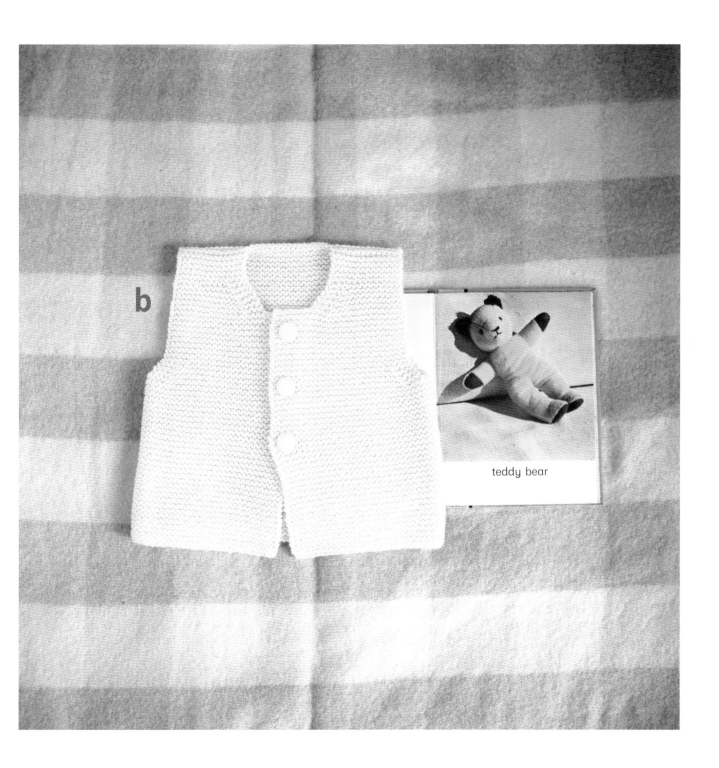

b

teddy bear

开襟小马甲 photo … 第26页

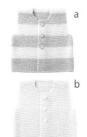

准备材料

毛腈混纺线
a 本白色35 g；蔚蓝色50 g
b 黄色85 g

7号棒针，2根
纽扣3粒（直径3 cm）

密度
平针编织　20针×40行=10 cm×10 cm

尺寸
胸围59 cm，衣长28 cm，肩宽22 cm

编织方法　1股线编织

❶ 后片用一般针法织58针起针，平针编织62行（a款以双色线交替编织）。双侧侧身处每3针1次套收针，两端3针后减针一直织到肩膀处编织袖窝。编织后领窝最后一行时，中央织16针套收针。

❷ 前片同样织33针起针，平针编织。在左前片留出扣眼位置，按照图示袖窝、领窝减针编织。

❸ 肩膀处引拔针缝合。

❹ 侧身用缝纫针缝合；右前片缝上纽扣。

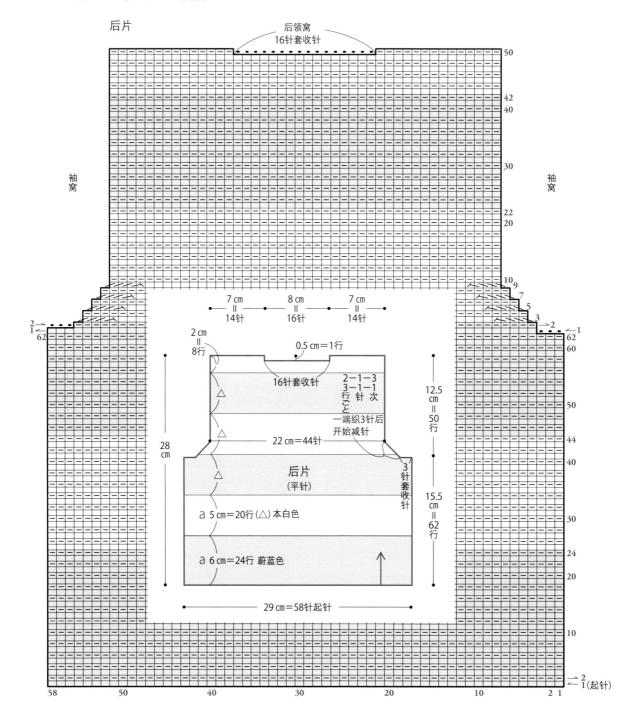

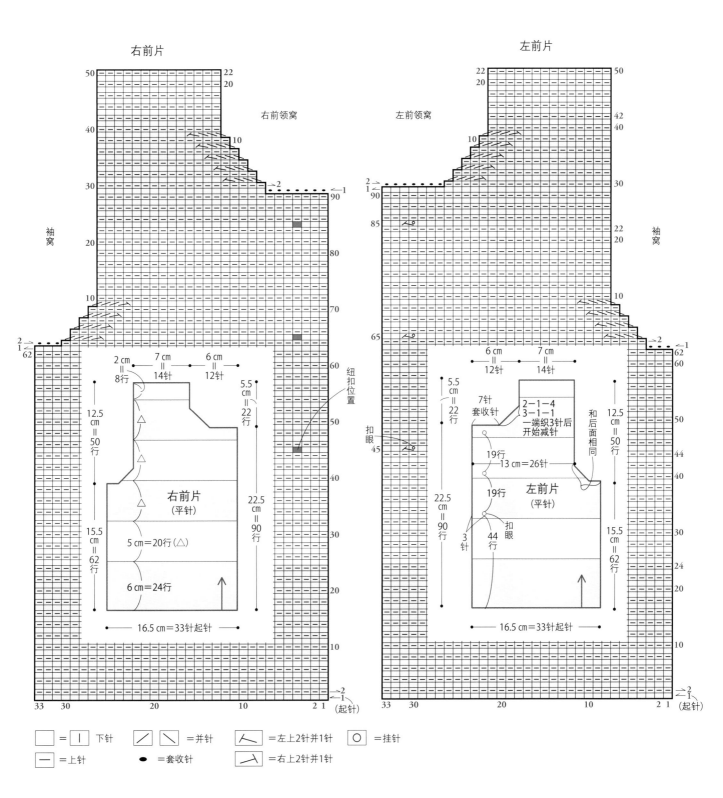

右前片

左前片

右前领窝

左前领窝

袖窝

袖窝

纽扣位置

2 cm = 8行
7 cm = 14针
6 cm = 12针

5.5 cm = 22行

12.5 cm = 50行

右前片（平针）

5 cm=20行（△）

15.5 cm = 62行

6 cm=24行

22.5 cm = 90行

16.5 cm=33针起针

6 cm = 12针
7 cm = 14针

5.5 cm = 22行

扣眼
45

7针 套收针

2-1-4
3-1-1
一端织3针后开始减针

和后面相同

19行

13 cm=26针

19行

左前片（平针）

3针

44行

扣眼

22.5 cm = 90行

12.5 cm = 50行

15.5 cm = 62行

16.5 cm=33针起针

= | 下针　　 / \ =并针　　 人 =左上2针并1针　　 O =挂针

— =上针　　 ● =套收针　　 ㇑ =右上2针并1针

平针马甲的编织方法

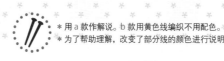
* 用 a 款作解说。b 款用黄色线编织不用配色。
* 为了帮助理解，改变了部分线的颜色进行说明。

① 编织后身

一般针法起针（第1行）

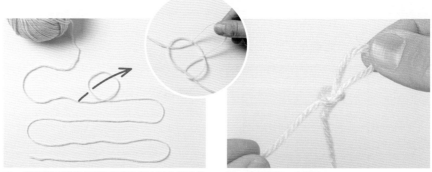

1 先用蓝色线编织。从毛线团里侧抽出线头。

2 留出等于织片3.5倍长度的线（后片留出约100 cm、前身留出约60 cm），系成环形，按照图示将线从线圈里抽出来。

3 将毛线打一个活结。

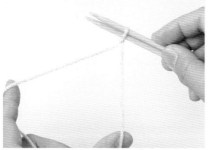

4 将针插入线结里，左手将线勒紧。这样就完成了一端的1针。

5 右手拿着针，用左手的手指钩住线。较短的一根线挂在拇指上，较长的一根线挂在食指上。

线端

6 用手指钩住2根线，将拇指里侧的线从下往上挑起来。

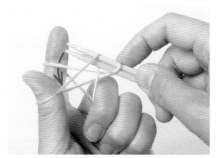

7 将食指里侧的线按图中箭头指示方向挑出。

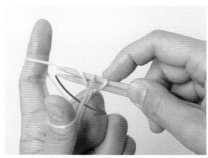

8 再从拇指上的线圈里抽出。

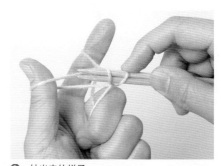

9 抽出来的样子。

10 放掉拇指上的线，用拇指和食指将线抽紧，注意不要收太紧。

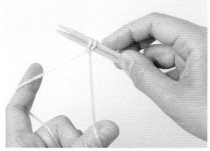

11 织完2针后，重复步骤6～10，再织58针。

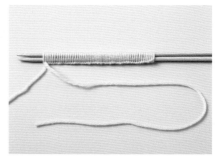

12 起针完成（第1行）。

* 刚开始编织时留出来的线到后面缝身的时候会用到，所以可以先不用处理。

第2行

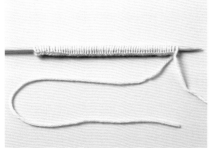

13 抽出1根针，改变针的方向开始编织第2行。

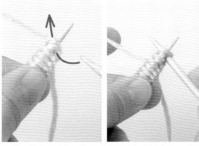

14 编织下针。将线放到针的对侧方向，按照箭头指示将针插入手前这一侧的针眼里。
＊编织第2行是看着里侧编织的，所以为了从表面看是上针编织，这里要用下针编织。

15 将线从手前钩到对侧方向并抽出。

第3行

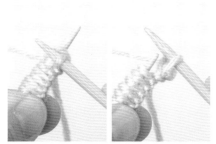

16 这是抽出后的样子。左侧棒针针眼松开。编织完成下针。

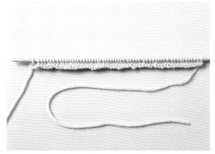

17 用下针编织完成58针。第2行编织完了。

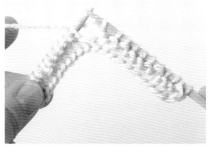

18 改变针的方向，第3行同样使用下针编织。
＊第3行（奇数行）都是看着表面编织的，所以都是用下针编织。

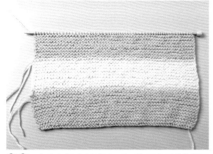

19 同样的、奇数行偶数行加起来完成24行。
＊下针和上针交替编织的织法，叫做"平针织法"。

改变颜色

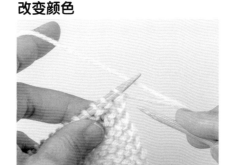

20 第25行开始要改变线的颜色。线端留出约10 cm的长度之后将线剪断。本白色线的线端也留出约10 cm的长度，之后用手指钩住。

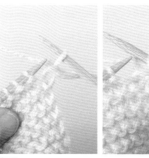

21 下针编织，用本白色线接着织。

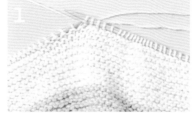

22 本白色织完20行之后，按照步骤20的要领再换回蓝色线继续编织。

＊织到一半，线不够了怎么办？

往返织的时候，尽量织到一行的一端（换行的时候）再按照步骤20的要领更换新的线。在一行的中间线不够的时候，将新的线留出约10 cm长之后再开始编织（图1）。为了不让针扣散开，可以将新加入的线和原来的线在织片的里侧打一个结（图2），织完之后，将线分别处理在织片里（参考第34页）。

袖窝减针
套收针 ●

23 从这里开始减针织袖窝。一端的2针用下针编织。

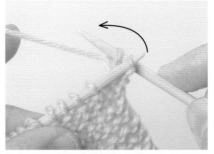

24 将左针插入右针的第1针针眼里，按照图示箭头指示盖住第2针。

25 这是完成的样子。将左针的针眼放开，完成一针套收针。

26 下一针用下针编织。

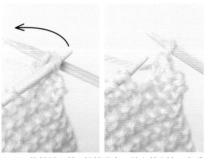

27 将针插入第1针针眼中，盖上第2针。完成套收针第2针。

28 重复26、27步骤，再多织1针套收针，合计3针。

29 接着用下针编织一整行。

30 第2行。将织片翻转过来，按步骤23～28一样织3针套收针。

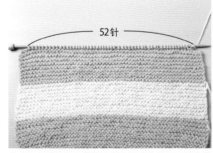

31 用下针织一整行。因为左右各织了3针套收针，所以这个时候一共是52针。

左上2针并1针 人

32 第3行。将织片翻转过来，换成本白色线。织完3针之后，左上2针并1针。先将右针从手前方向织2针并1针。

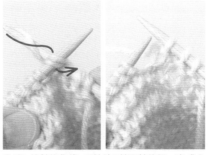

33 钩针钩住线，2针并1针下针编织。完成左上2针并1针。减针1针。

34 用下针往手前方向织，剩下6针不织。

右上2针并1针

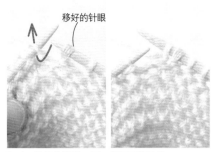

移好的针眼

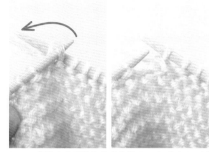

35 右上2针并1针。首先将针从手前这一侧插入第1针的针眼里，不织直接往右针移。

36 移好的针眼。下一针用下针编织。

37 盖住步骤35中移动的针眼。完成右上2针并1针。减针1针。

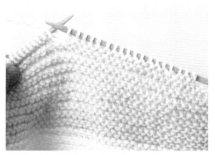

38 下一行全部用下针编织。

39 第5、7、9行也是用步骤32～37的要领，左右减针往返编织。减针到44针。然后配色一行织44针，共织49行。

编织后领窝

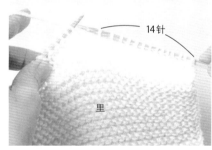

14针

里

40 最后一行（50行）。用下针编织左肩部分的14针。

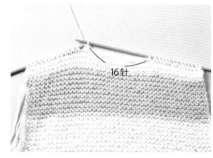

16针

41 从下一针开始编织后领窝的套收针。按照步骤23～30的要领，织16针套收针。

＊ 并针

当用"左上2针并1针"、"右上2针并1针"减针的时候，会发生左右侧的下针倾斜的情况。这种被叫做"并针"，而实际上这种情况也只是在下针编织中出现。从织片一端到第4针开始减针，被记作"织完3针开始减针"。

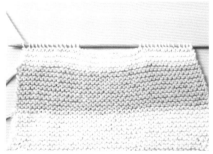

42 接着用下针编织右肩部分的14针（步骤41的最后已经编织了1针，所以只需要编织余下的13针）。

43 将两侧的针眼移到防绽别针上。
＊没有防绽别针的话，也可以用缝纫针穿线进行固定！

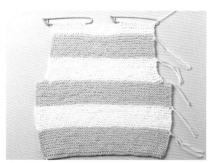

44 后片编织完成。

❷ 编织前片

45 编织左前片。和后片一样的要领编织33针起针，用平针织法双色交替编织44行。

扣眼 [A o]

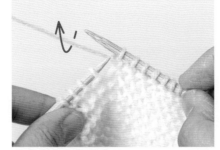

46 第45行用下针编织29针之后，留出扣眼。用右针按照图示箭头指示从对侧方向将线挑过来，这叫做"挂针"。

挂针

左上2针并1针
挂针

47 用手指按住挂针针眼，编织左上2针并1针（参考第32页的步骤32、33）。接着用下针编织。

48 第46针。按箭头指示将针插入前一行挂针针眼里，下针编织。

49 编织完成的样子。在第45行"挂针"和"左上2针并1针"的位置留出扣眼位置。

袖窝减针

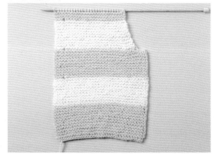

50 编织完62行之后，右侧袖窝减针之后织26针（参考步骤23～34）。在第65行、85行留出扣眼位置，一共织90行。

领窝减针

51 用下针编织一行。接着织7针套收针，左侧减针织（参考步骤35～39）。

52 减针到14针，一共编织22行。留好防绽别针。

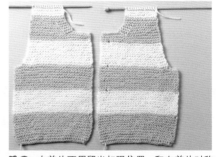

53 右前片不用留出扣眼位置，和左前片对称减针编织袖窝、领窝。用熨斗分别熨烫每块织片，并处理线端。

＊ 用熨斗整理织片

整理好每块织片的形状，里侧朝上放在熨斗台上。按照由里至外的顺序，将熨斗稍稍抬起，在熨斗完全冷却之前利用熨斗的蒸汽熨烫织片，这样可以让织片变得比较整齐（如果用熨斗直接熨烫织片的话，可能会造成织片的损坏，这一点一定要注意）。

＊ 线头处理

1 用缝纫针穿上线之后，穿到织片里侧约5 cm的位置。注意不要让织片表面可以看见线。

2 穿好后，剩下的线直接剪断即可。将蓝色线穿到蓝色的织片里，本白色线穿到本白色的织片里。

❸ 缝合肩部

54 将后身的针眼移到棒针上，将后片和右前片对齐。

引拔针缝合 ＊为了不让织片缩在一起，缝合的时候可以适当松一点。

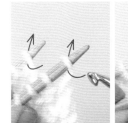

55 将钩针按照图示箭头指示插入手前的针眼中钩2针。将针眼从棒针上勾下来。

56 钩住后抽出。

57 第2针也和步骤55、56一样，用钩针钩住2针，钩住线之后将针眼钩出。

58 重复步骤57，一直缝到最后一针。

59 线端留出约10 cm的长度之后将线剪断，从最后一针中将线抽出。

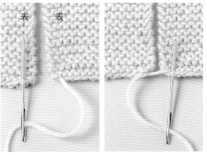

60 用同样的方法缝合另一侧的肩部。

❹ 缝合侧身
缝纫针缝合

61 将织片翻到正面之后，前后片织片对齐。缝纫针穿上后片织片起针时留下来的线，穿过前片起针一端的针眼。之后再穿过后片起针一端的2针。

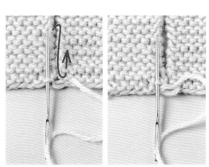

62 按图示箭头穿针，每一行交互穿上线。

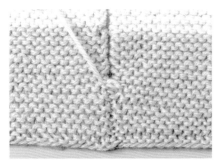

63 缝纫针上穿的线，从底部开始缝起，每缝2、3针最好收紧一次（如果等全部缝完之后再一次性拉紧的话，织片可能会扭曲并缩在一起）。

64 一直缝到腋下，另一侧也用同样的方法缝合。

右前片缝上纽扣，编织完成。

a

b

 条纹帽子 3个月～
如何制作…第37页

既可遮阳又能挡风的帽子，是宝宝外出游玩的必需品。
棉纱质地，一年四季都可以戴。

设计…Naomi Kanno

条纹帽子 photo … 第 36 页

准备材料

a 有机纯棉毛线，本白色、橙色各 20 g
b 有机纯棉毛线，本白色、绿色各 20 g
5 号、4 号短棒针，各 5 根

密度　条纹图案 22 针=10 cm
2 组花样（20 行）=6.5 cm

尺寸　头围 44 cm，帽深 17.5 cm

编织方法　1 股线编织

❶ 一般针法织 96 针起针，织成环形，平针编织 10 行。

❷ 更换棒针，编织 37 行条纹花样。

❸ 帽顶部分按照图示减针编织，剩下的部分穿线后系紧。

❹ a 款为帽沿缝上装饰蝴蝶结；b 款为一般针法织 14 针起针，平针织 16 行之后收针，完成小耳朵的编织后，按照图示将其缝在帽子上。

a　蝴蝶结　橙色 1 个
b　耳朵　绿色 2 只

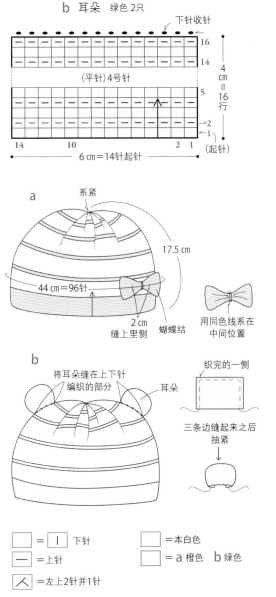

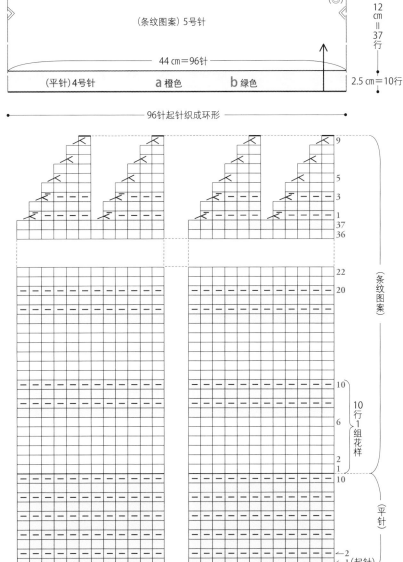

剩下的 16 针穿上线，系紧

1 针（●）

3 cm=9 行

参考图片

6 针（◎）

（条纹图案）5 号针

12 cm = 37 行

44 cm=96 针

（平针）4 号针　　a 橙色　　b 绿色

2.5 cm=10 行

96 针起针织成环形

下针收针

（平针）4 号针

4 cm = 16 行

14　　10　　　　　　2　1　（起针）

6 cm=14 针起针

系紧

17.5 cm

44 cm=96 针

2 cm
缝上里侧　蝴蝶结

用同色线系在中间位置

将耳朵缝在上下针编织的部分　耳朵

织完的一侧

三条边缝起来之后抽紧

□ = | 下针
— = 上针
⋏ = 左上 2 针并 1 针
⊼ = 左上 2 针并 1 针（上针）

□ = 本白色
□ = a 橙色　b 绿色

（条纹图案）

22
20

10
6

10 行 1 组花样

10

（平针）

9
5
3
1
37
36

2
1（起针）

96　　90　　85　　12　10　　2　1

条纹帽子的编织方法

* 为了帮助理解,改变了部分线的颜色进行说明。

❶ 平针编织
起针织成环形

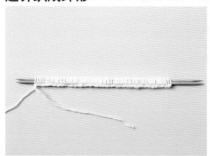

1 a款用橙色线、b款用绿色线开始编织。用2根4号棒针按一般针法起针织96针(参考第30页的步骤 **1** ~ **12**)。

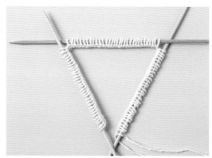

2 抽出1根针,将起针的针数均分至3根棒针上。

3 这是分好的样子。编织结束时将线放在右侧。这是第1行。
*注意不要让针眼扭曲了。

第2行

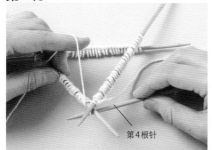

第4根针

4 左手拿着有针眼的针,右手拿着第4根针,将第4根针插入最开始编织的第1针里。

上针 ▭

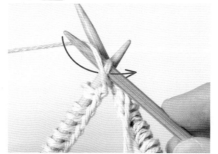

5 针钩住线之后上针编织。将线置于手前,从对侧插入,将线抽过来。
*织成环状之后一般都是看着织片的表面编织的,所以这个时候只要按照记号来编织就可以了。

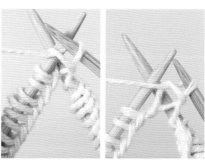

6 将线拉出来,从左针上把针眼放下来。上针编织完成。

下针 ▯

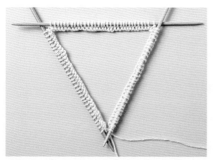

7 重复步骤5、6,第2行全部用上针编织。编织开始和结束的针眼都和起针的线圈连接。

> ❋ **针眼与针眼之间不要太松?**
>
> 棒针和棒针之间较容易松动,在开始编织1、2针的时候,很容易拽到左手上拉着的线,这个时候注意不要将针眼织得太松。另外,在更换棒针的时候也会出现这样的情况,所以在编织的时候每隔数针就整理一下针眼的位置比较好。

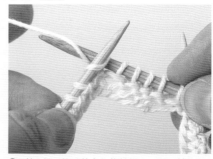

8 第3行,从手前方向将针插入,用下针编织1行(参考第31页的步骤 **14** ~ **16**)。

❷ 条纹图案

9 偶数行用上针、奇数行用下针,一共编织10行(平针)。

5号针

10 第1行换成5号针。a款橙色线、b款绿色线先暂停编织不要剪断,本白色线留出约10 cm的长度之后,用本白色线继续编织。

11 用本白色线下针编织6行。

12 第6行编织完成之后从里侧穿线，a款换回橙色线（b款换回绿色线）织4行。本白色线先暂停编织，不要剪断。

13 双色交替编织37行。

❸ 帽顶减针编织

左上2针并1针（上针） ⟍

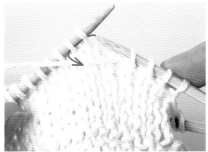

14 第1行。用上针编织4针之后，左上2针并1针（上针）。右针从对侧方向穿过来2针并1针织。

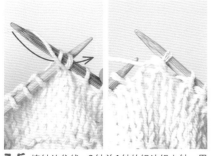

15 棒针钩住线，2针并1针的织法织上针。用左上2针并1针的方法，减针1针。

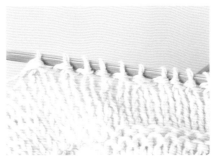

16 重复"上针4针织完之后左上2针并1针"，16次。第3行也在图上指定的位置减针。

17 第5行，将针插入手前一侧2针并1针的位置，钩住针线之后用2针并1针的织法织下针（⟋）。第7、第9行也在图上指定的位置减针。

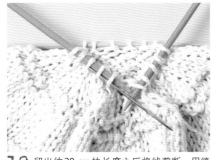

18 留出约20 cm的长度之后将线剪断。用缝纫针穿上线之后，穿过剩下的16针。

19 将棒针抽出，再用线穿一圈。

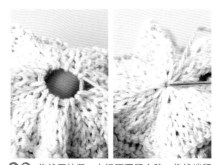

20 将线圈抽紧，中间不要留空隙。将线端留在里侧，余留下来的线头则隐藏在针眼中（参考第34页）。

❹a 蝴蝶结 b 编织耳朵

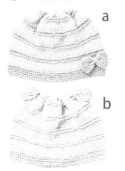

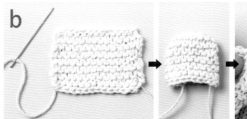

用一般针法起针织14针，平针织16行。
a款用橙色线编织1片，b款用绿色线编织2片。a款织片用线在中央系紧之后，缝在指定位置。
b款缝上织片3边之后系上线。用卷针缝在帽子上下针编织部分。

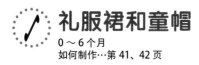

礼服裙和童帽

0～6 个月
如何制作…第 41、42 页

纯白色的连衣裙，适合小宝贝日常外出或者是参加聚会等重大的活动时穿着。虽然需要一些编织技巧，但并不困难，适合作为奶奶送给小孙女儿的第一件礼物。

设计…横山纯子

童帽 photo … 第 40 页

准备材料
a 超长棉棉线,白色40g
双头钩针4/0号

密度
花样① 1组花样=5 cm 9.5行=10 cm
花样② 23针×10行=10 cm×10 cm

尺寸
参考图片

编织方法 1股线编织

❶ 锁针 99 针起针,侧面和帽顶用花样①织 12 行。
❷ 用花样②编织后侧。
❸ 边缘编织法织帽沿一圈。
❹ 锁针拼接侧面和后侧,从帽子一圈开始挑针织,然后沿边缘编织法织穿绳孔。
❺ 编织好绳子之后穿绳,绳子一端编织装饰带。

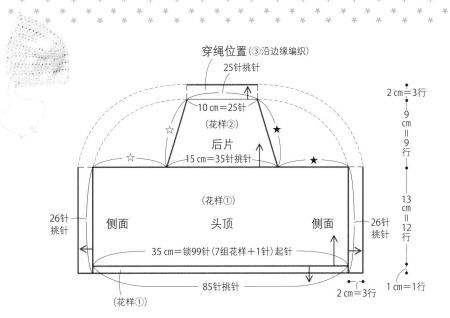

穿绳位置(③沿边缘编织)
25针挑针
10 cm=25针
(花样②)
后片
15 cm=35针挑针

(花样①)
26针挑针 侧面 头顶 侧面 26针挑针
35 cm=锁99针(7组花样+1针)起针
85针挑针
(花样①)

2 cm=3行
9 cm=9行
13 cm=12行
1 cm=1行
2 cm=3行

绳子 留约100 cm长的绳子,从穿绳位置穿过。
穿好之后,编织这一侧的装饰

开始织
80 cm=190针
装饰
3 cm

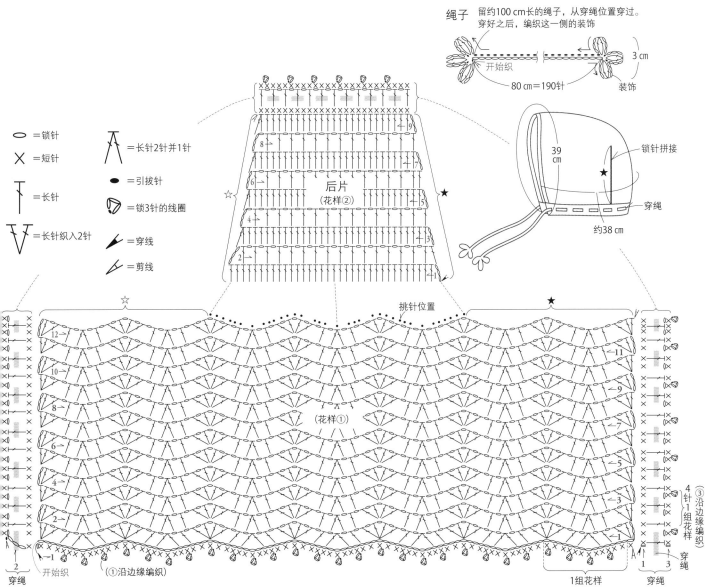

○ =锁针
✕ =短针
┬ =长针
╲/ =长针织入2针
🙼 =长针2针并1针
● =引拔针
🔺 =锁3针的线圈
╱ =穿线
╱ =剪线

后片
(花样②)
☆ ★

39 cm
锁针拼接
★
穿绳
约38 cm

挑针位置
(花样①)

☆ ★

12
10
8
6
4
2
←1
开始织
(①沿边缘编织)
穿绳

11
9
7
5
3
1
4针1组花样
(③沿边缘编织)
1组花样
1组花样
穿绳

41

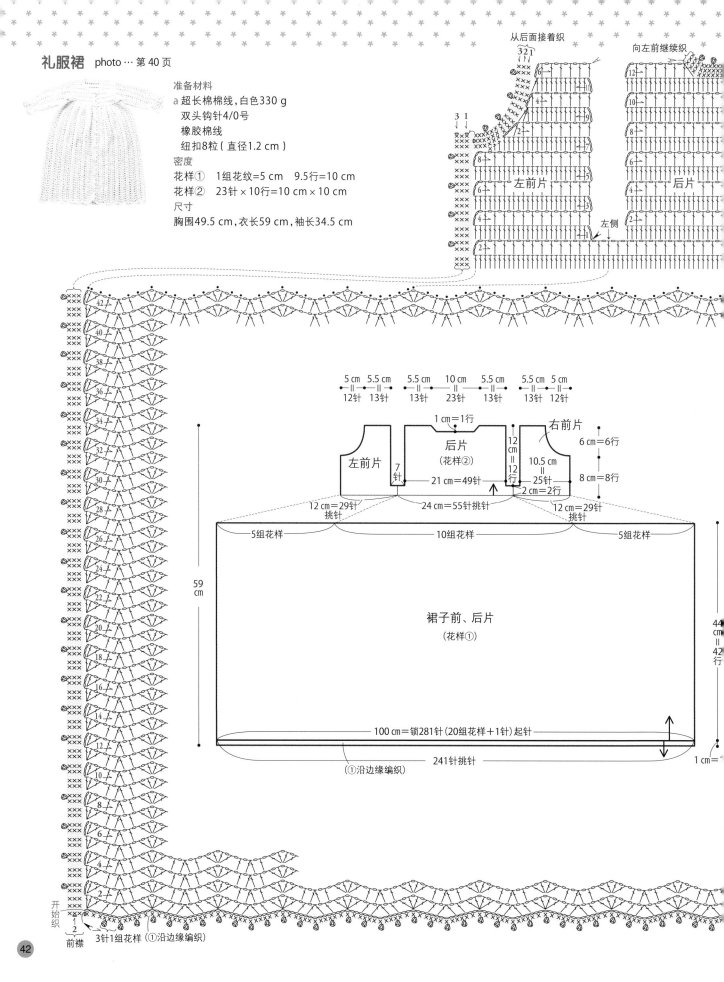

礼服裙 photo … 第40页

准备材料
a 超长棉棉线,白色330 g
双头钩针4/0号
橡胶棉线
纽扣8粒(直径1.2 cm)

密度
花样① 1组花纹=5 cm 9.5行=10 cm
花样② 23针×10行=10 cm×10 cm

尺寸
胸围49.5 cm,衣长59 cm,袖长34.5 cm

从后面接着织

向左前继续织

左前片

后片

左侧

5 cm 5.5 cm 5.5 cm 10 cm 5.5 cm 5.5 cm 5 cm
12针 13针 13针 23针 13针 13针 12针

1 cm=1行

后片
(花样②)

右前片

左前片

7针 21 cm=49针 12 12 10.5 cm 25针

6 cm=6行

8 cm=8行

2 cm=2行

12 cm=29针 挑针 24 cm=55针挑针 12 cm=29针 挑针

5组花样 10组花样 5组花样

59 cm

裙子前、后片
(花样①)

44 cm=42行

100 cm=锁281针(20组花样+1针)起针

①沿边缘编织

241针挑针

1 cm=1行

3针1组花样(①沿边缘编织)

开始织
前襟

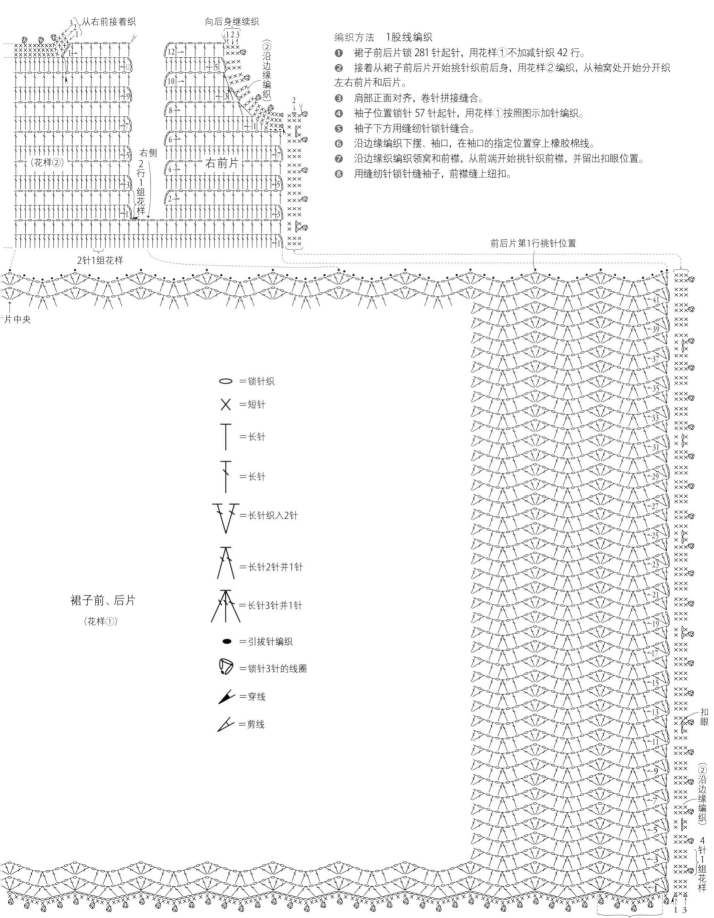

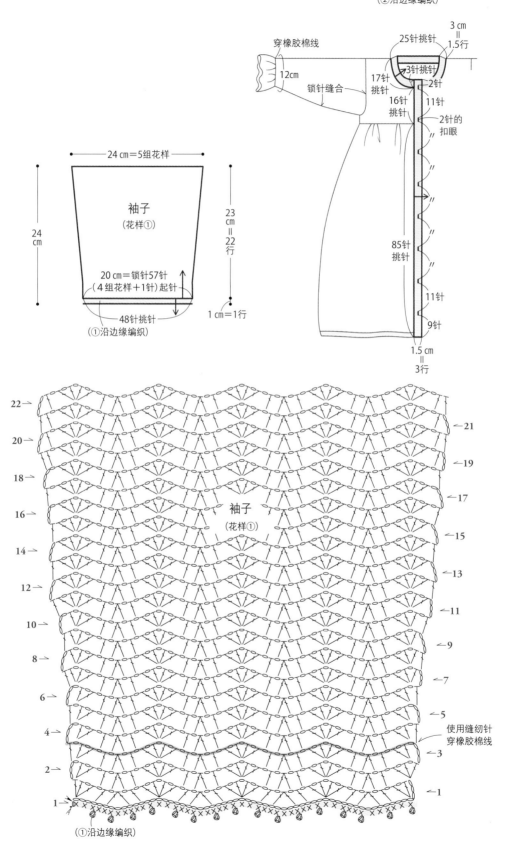

领窝和前襟
（②沿边缘编织）

穿橡胶棉线

12cm

锁针缝合

25针挑针

3 cm
＝
1.5行

3针挑针

2针

17针
挑针

16针
挑针

11针

2针的
扣眼

85针
挑针

11针

9针

1.5 cm
＝
3行

24 cm＝5组花样

24 cm

袖子
（花样①）

23 cm＝22 行

20 cm＝锁针57针
（4组花样＋1针）起针

48针挑针
（①沿边缘编织）

1 cm＝1行

袖子
（花样①）

使用缝纫针
穿橡胶棉线

（①沿边缘编织）

44

手套 photo … 第46页

准备材料
有机纯棉毛线,白色20 g
双头钩针3/0号
橡胶棉线
密度
花样编织　30针×2行=10 cm×1 cm
尺寸
长10 cm,手掌一周12 cm

编织方法　1股线编织
❶ 用线端织成环状的方法起针,花样①按照图示加针编织。
❷ 用花样②编织荷叶边袖口A。第17行再多织一行将荷叶边袖口B织上。
❸ 第17行穿上橡胶棉线。
❹ 织完装饰带之后用缝纫针缝到衣服上。
❺ 同样的方法再织一片相同的织片。

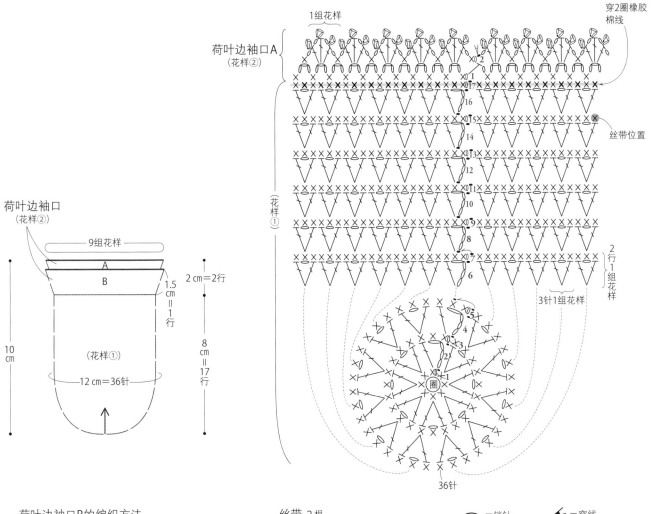

荷叶边袖口A
(花样②)

1组花样

使用缝纫线
穿2圈橡胶
棉线

丝带位置

(花样①)

2行1组花样

3针1组花样

36针

荷叶边袖口
(花样②)

9组花样

A
B

1.5 cm=1行
2 cm=2行

10 cm

8 cm=17行

(花样①)

12 cm=36针

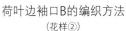

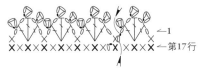

荷叶边袖口B的编织方法
(花样②)

←1
←第17行

将荷叶边袖口A放倒到对侧,
将针从手前方向插入第17行的X
位置之后,按照图示编织荷叶边袖B

丝带 2根

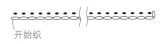

开始织

20 cm=锁55针起针

丝带打结之后
缝在指定位置

 =锁针
 =短针

=中长针

=长针

 =锁针3针的线圈

=引拔针

=穿线

=剪线

45

有荷叶边和丝带装饰的可爱手套。
将小婴儿的手温柔地包裹起来，防止他们抓到自己的脸。

设计···Yumiko Kawaji

手握玩具

0 个月～
如何制作…第 48 页

小马和狮子的细长身材很容易让婴儿握在手里玩。
当作礼物送给孩子们，也是很能让他们喜欢的吧。

设计…Mariko Oka

手握玩具　photo … 第47页

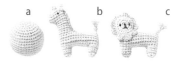

a　　b　　c

准备材料
有机纯棉毛线
a【圆线球】粉色、绿色、薄荷绿色各5 g
b【小马】橙色、黄色各5 g,灰色少许
c【小狮子】粉色5 g,本白色5 g,灰色少许
　双头钩针5/0号
密度
短针编织　11针×11.5行=5 cm×5 cm
尺寸
参照图片

编织方法　1股线编织
a
❶　用线端织成环状的方式起针,用指定的配色按照图示短针法加减针编织。
❷　塞入棉花,将线穿到最后一行的针眼里,系紧。
b、c
❶　锁针34针织成环状,每一行改变线的颜色,用短针织6行。
❷　脖子上的12针织成环状。b款织到第6行、c款织到第3行。
❸　b款接着在前中央位置锁针5针加针,编织头部。
❹　从起针开始挑针织10针织到圆环位置之后编织前后脚。
❺　c款编织头部。用将线端织成环状的方法起针,按照图示加针编织4行。另外再织一片一样的织片,周围织一圈鬃毛,留出棉花塞入口后,将两块织片缝合到一起。
❻　编织尾巴,塞入棉花之后缝合。c款的头部也塞入棉花,再缝合到身体上面。
❼　b款要编织鬃毛,缝上耳朵和角,b、c两款面部有刺绣。

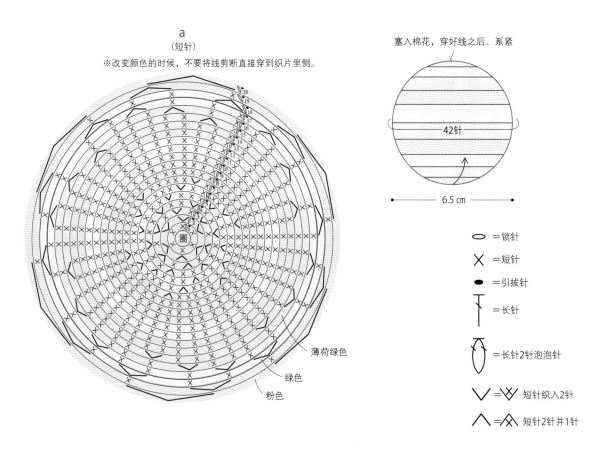

a
(短针)
※改变颜色的时候,不要将线剪断直接穿到织片里侧。

薄荷绿色
绿色
粉色

塞入棉花,穿好线之后、系紧
42针
6.5 cm

=锁针
=短针
=引拔针
=长针
=长针2针泡泡针
=短针织入2针
=短针2针并1针

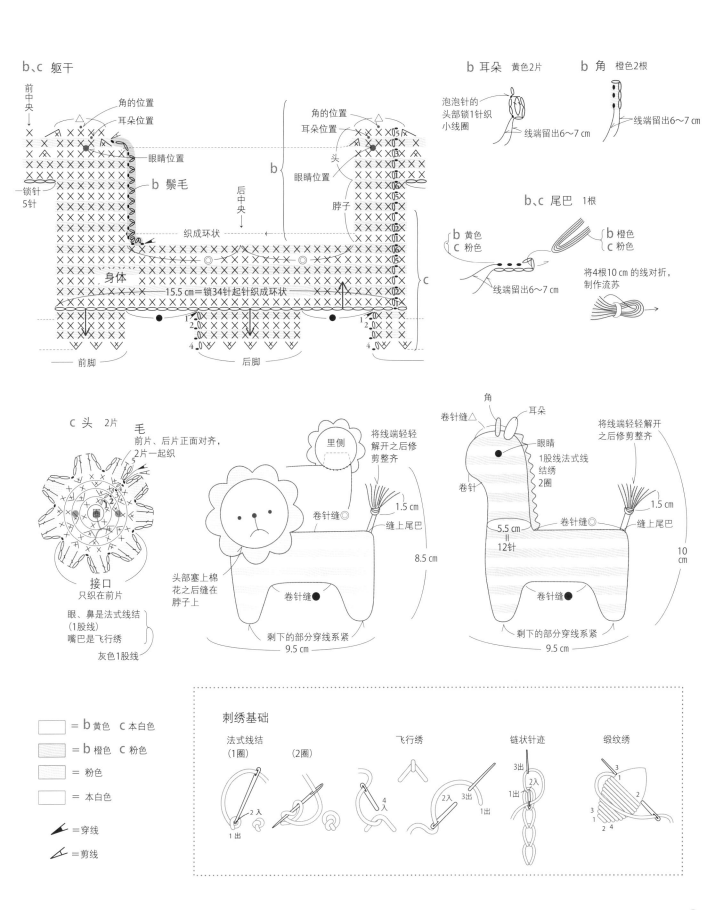

b、c 躯干

前中央

角的位置
耳朵位置
眼睛位置

b 鬃毛

一锁针
5针

织成环状

后中央→

角的位置
耳朵位置
头
眼睛位置
脖子

身体

15.5 cm＝锁34针起针织成环状

b

c

前脚　后脚

b 耳朵　黄色2片

泡泡针的
头部锁1针织
小线圈

线端留出6～7 cm

b 角　橙色2根

线端留出6～7 cm

b、c 尾巴　1根

b 黄色
c 粉色

b 橙色
c 粉色

线端留出6～7 cm

将4根10 cm的线对折，
制作流苏

c 头　2片

毛
前片、后片正面对齐，
2片一起织

接口
只织在前片

眼、鼻是法式线结
（1股线）
嘴巴是飞行绣
灰色1股线

里侧

将线端轻轻
解开之后修
剪整齐

卷针缝◎

1.5 cm

缝上尾巴

头部塞上棉
花之后缝在
脖子上

卷针缝●

剩下的部分穿线系紧

9.5 cm

8.5 cm

角
卷针缝△
耳朵
眼睛
1股线法式线
结绣
2圈
卷针

5.5 cm
＝
12针

卷针缝◎

将线端轻轻解开
之后修剪整齐

1.5 cm

缝上尾巴

卷针缝●

剩下的部分穿线系紧

9.5 cm

10 cm

＝ b 黄色　c 本白色
＝ b 橙色　c 粉色
＝ 粉色
＝ 本白色

＝穿线
＝剪线

刺绣基础

法式线结
（1圈）　（2圈）

1出　2入

飞行绣

4入　3出　1出

链状针迹

3出
2入
1出

缎纹绣

 小熊包巾和小毛毯

0 个月～
如何制作…第 52 页

有小熊帽子的婴儿包巾十分可爱，适合晚上睡觉和外出时候使用。
因为是直接和肌肤接触的，所以选择了触感良好的有机棉材质。
小毛毯是适合给在婴儿车里熟睡的宝宝使用。

设计…Mariko Oka
制作…内海理惠

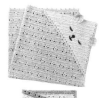

小熊包巾和小毛毯　photo … 第50页

准备材料

有机纯棉毛线

小熊婴儿包巾　浅褐色 380 g，浅驼色 25 g，灰色少许

小毛毯　灰色 120 g，浅驼色 90 g

双头钩针 5/0 号

密度

花样编织　2 组花纹 =10 cm　10 行 =10 cm

尺寸

小熊婴儿包巾　79 cm×79 cm（除去耳朵）

小毛毯　49.5 cm×70 cm

编织方法

小熊婴儿包巾　1股线编织，除特殊指定以外都用浅褐色编织

❶ 锁针153针起针，按照图示不加减针直接编织。

❷ 风帽部分，锁针1针起针，按照图示加针编织。风帽一圈用短针织1行。

❸ 主体和风帽正面对齐，用沿边缘编织的方法编织四周。

❹ 分别编织耳朵、眼睛、鼻子、嘴巴，参照图片位置缝合。

小毛毯

❶ 锁针95针起针，以花样编织条纹图案，不用加减针编织68行。

❷ 沿边缘编织2行。再将过渡线加入到织片里面去。

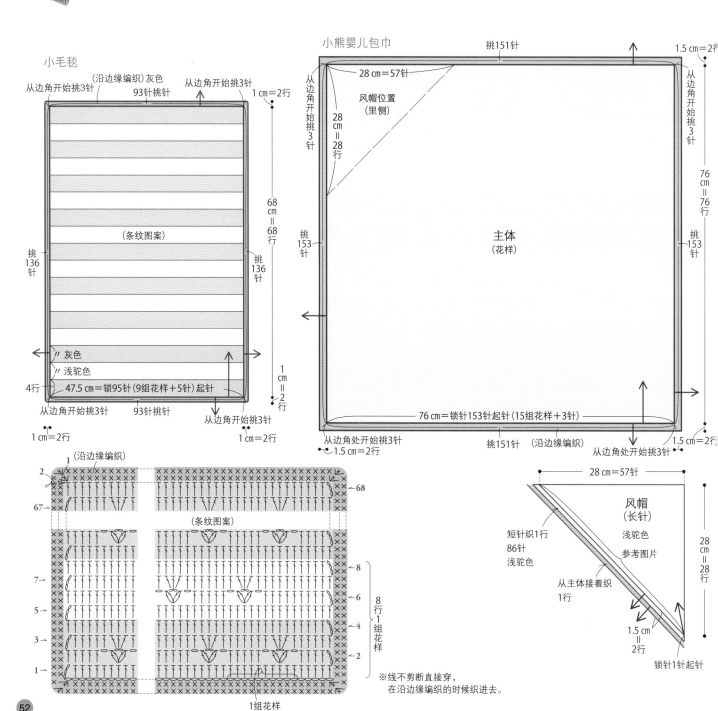

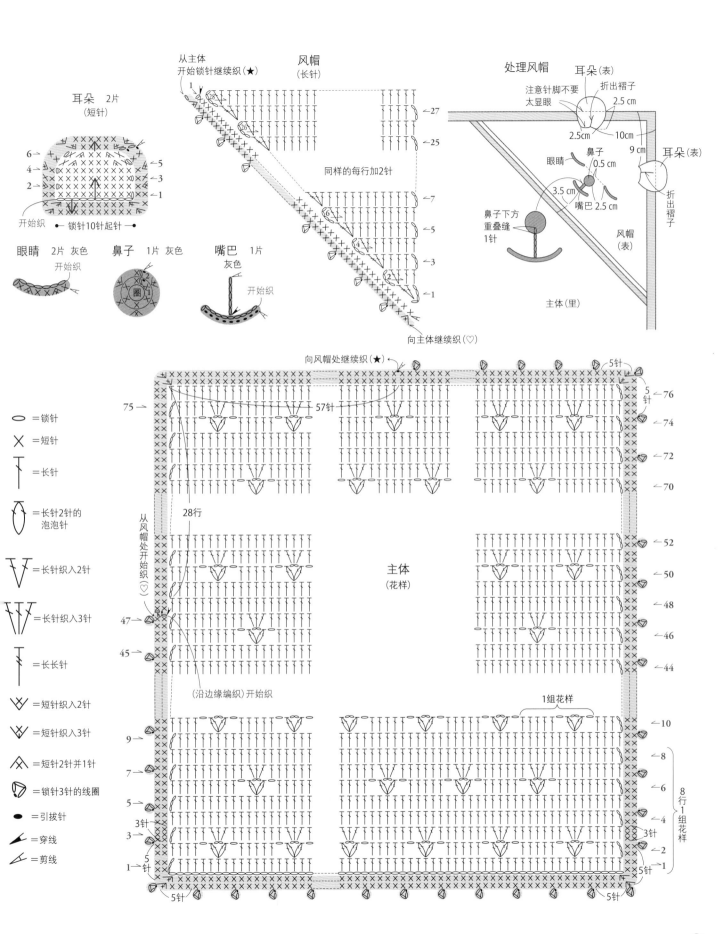

方格拼接包巾

0 个月～
如何制作…第 56 页

a款是多色方格拼接包巾;b款是纯色包巾。
整条包巾是由一个个方块钩织完成后拼接而来,因此包巾的大小可根据个人喜好来定。
孩子长大后,这一款包巾也可以当作小毯子使用。

设计…风工房

b

方格拼接包巾　photo … 第 54 页

a

b

准备材料
有机纯棉毛线
a 本白色150 g,蓝色、薄荷绿色各65 g,绿色50 g
b 本白色310 g
双头钩针5/0号
密度
花样编织　8.5 cm×8.5 cm
尺寸
70 cm×70 cm

编织方法　1股线编织,a款用指定的配色线、b款用本白色的线
编织
❶ 图案部分用线端织成环形的方式起针,用指定的配色按照图片
指示编织。
❷ 从第 2 片方块开始,最后一行要相互拼接起来,一共织 64 片。
❸ 包巾一周用沿边缘编织的方法织 1 行。

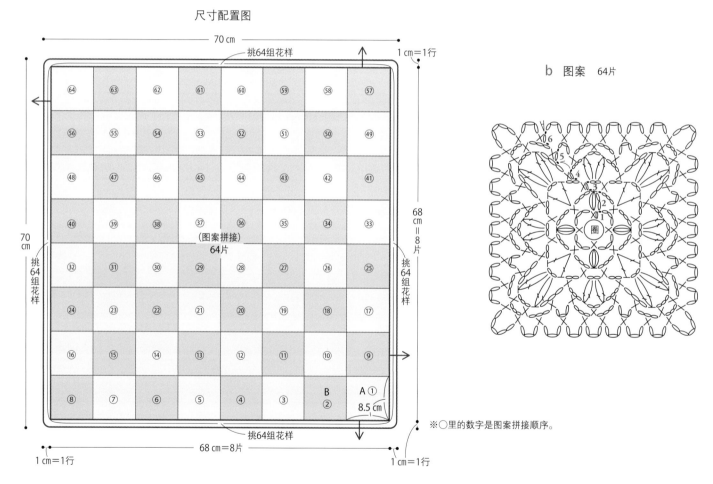

尺寸配置图

b　图案　64片

※〇里的数字是图案拼接顺序。

a 图案的编织方法
a、b 图案的拼接方法和沿边缘编织

a 图案配色

A、B 各32片

行	A	B
5、6	本白色	本白色
3、4	蓝色	薄荷绿色
1、2	绿色	绿色

⬭ =锁针

✕ =短针

▨ =中长针4针泡泡针

▽ =长针织入2针

▷ =长针2针泡泡针

▷ =锁针3针的线圈

● =引拔针

➘ =穿线

➚ =剪线

将图案⑨、⑩的边角
拼到图案②的引拔针
针眼里

1组图案

将针插入拼接好的线圈里继续织

织片的拼接方法 *为了便于理解，改变了部分线的颜色进行说明。

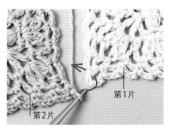

1 钩针钩住第2片织片，按照箭头指示插入第1片织片的针眼里。

2 将线钩出。

3 边角部分连在一起了。接着锁针织2针。

4 用同样的要领一直织到另一端，将两块织片拼接在一起。

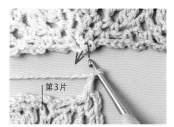

5 缝第3片织片的时候，将针插入第1块和第2块图案连接针脚的2根线里。

6 钩针钩住将线抽出，一直织到另一端。

7 缝第4块图案的时候，也是按照步骤5、6的要领，将钩针插入第2块图案拼接处针脚的2根线里。

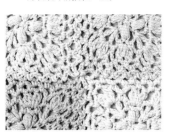

8 拼接完成。拼接针脚集中在一个部分，织片会比较平整。

连帽披肩

6～24个月
如何制作…第60页

宝宝坐着的时候披肩可以将身体整个包裹起来，冬天出门的时候，这一件是常备的单品。下摆处的花朵图案和摇曳的花边非常可爱，编织起来也是十分有乐趣。

设计…Yumiko Kawaji
制作…穴濑圭子

a

b

连帽披肩 photo … 第58页

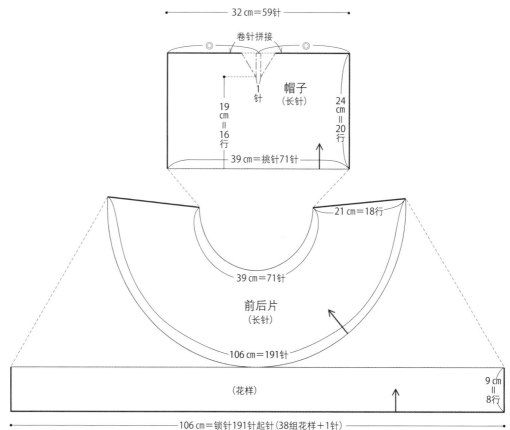

准备材料
毛腈混纺线
a 本白色210 g
b 红色180 g，本白色35 g
双头钩针5/0号
密度
花样编织　18针×8行=10 cm×9 cm
长针编织　18针×8.5行=10 cm×10 cm
尺寸
衣长32.5 cm

编织方法　1股线编织。b款除边缘部分、绳子、球球以外都用红色线编织。
❶ 前后片锁191针起针，以花样编织8行，接着按照图示用长针减针编织。
❷ 接着用长针按照图示减针编织风帽中央部分。
❸ 将风帽外侧对折，上部卷针拼接缝合。
❹ 下摆、前襟，以及风帽的一周沿边缘编织。
❺ a款缝上耳朵，b款缝上绳子和球球。
❻ 缝上纽扣，完成。

○=锁针
✕=短针
Ŧ=长针
=长针2针泡泡针
⋀=长针2针并1针
=锁针3针的线圈
●=引拔针编织
=穿线
=剪线

32 cm=59针
卷针拼接
帽子（长针）
1针
19 cm=16行
24=20行
39 cm=挑针71针
21 cm=18行
39 cm=71针
前后片（长针）
106 cm=191针
9 cm=8行
（花样）
106 cm=锁针191针起针（38组花样+1针）

花样编织

* 为了便于理解，改变了部分线的颜色进行说明。

第2行

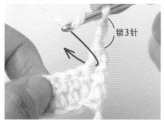

1 锁1针之后短针织1针，接着再锁3针。钩针钩住线之后插入短针的针脚里，编织长针2针泡泡针。

2 泡泡针织之后，锁4针。将针插入锁第1针的线结里，编织长针2针泡泡针。

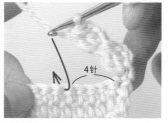

3 前一行的长针编织部分空4针，之后用短针编织。

第3行

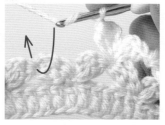

4 钩针钩住线，将针插入和步骤2中相同的针眼中，编织长针2针泡泡针。

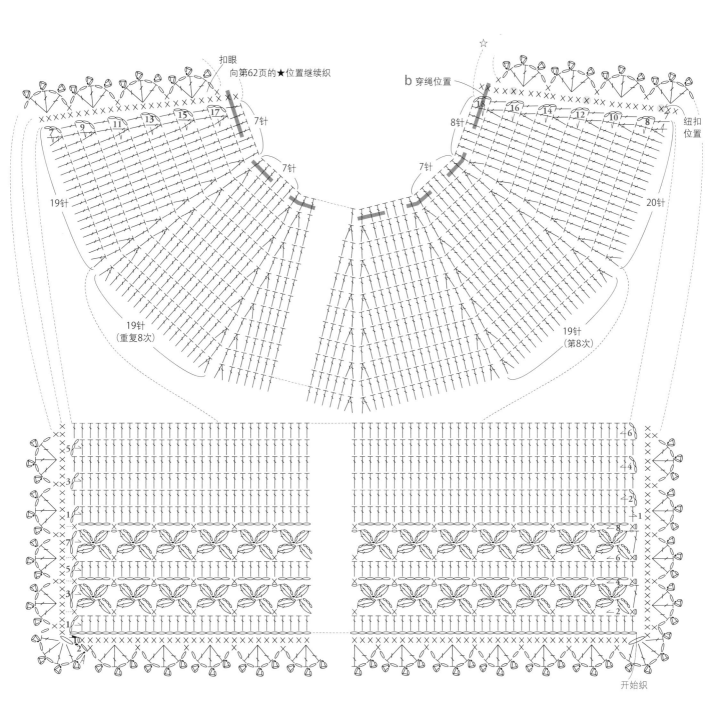

扣眼
向第62页的★位置继续织

7针

9 11 13 15 17

19针

7针

☆

b 穿绳位置

18 16 14 12 10 8

8针

7针

20针

纽扣
位置

19针
（重复8次）

19针
（第8次）

开始织

第4行

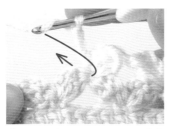

5 接着锁针3针，将针插入步骤2
中相同的针眼中，将线抽出。

6 锁针3针，将针插入和步骤2
相同的针眼中，编织长针2针泡
泡针。

7 编织完1组花样。用将针插入同
一个针眼的方式，使花纹变得
整齐。

8 第4行的短针，是用钩针将第3
行的锁针全部钩住之后编织的。

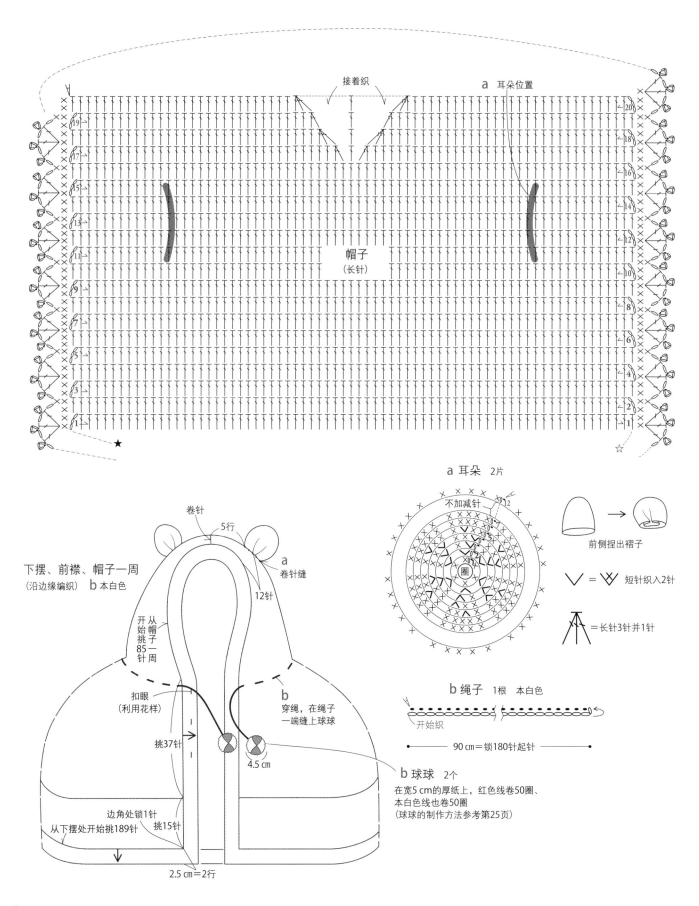

接着织

a 耳朵位置

帽子
(长针)

20
19
18
17
16
15
14
13
12
11
10
9
8
7
6
5
4
3
2
1

★

☆

a 耳朵 2片

不加减针

圈

12

前侧捏出褶子

∨ = 短针织入2针

= 长针3针并1针

b 绳子 1根 本白色

开始织

● 90 cm＝锁180针起针 ●

b 球球 2个
在宽5 cm的厚纸上，红色线卷50圈、
本白色线也卷50圈
（球球的制作方法参考第25页）

卷针
5行

a
卷针缝

12针

下摆、前襟、帽子一周
（沿边缘编织）b 本白色

开
始
从
挑
帽
子
85
一
针
周

扣眼
（利用花样）

b
穿绳，在绳子
一端缝上球球

挑37针

4.5 cm

边角处锁1针
挑15针

从下摆处开始挑189针

2.5 cm＝2行

暖腿套　photo … 第 64 页

准备材料
有机纯棉毛线，浅褐色 35 g
5 号、3 号短棒针，各 5 根
密度
花样编织　19.5 针 ×36 行 =10 cm×10 cm
尺寸
筒围 18 cm，长 20 cm

编织方法　1股线编织
❶　用一般针法织 34 针起针织成环状，用单松紧针织 8 行。
❷　加针织到 35 针，用花式织法织 58 行。
❸　减针织到 34 针，单松紧针织 8 行，织完收针。
❹　同样的方法再织一片。

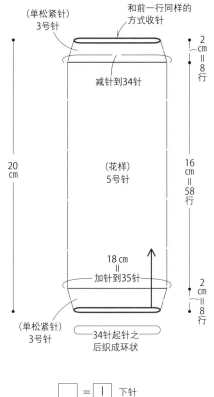

（单松紧针）
3号针

和前一行同样的
方式收针

减针到34针

2
cm
＝
8
行

20
cm

（花样）
5号针

16
cm
＝
58
行

18 cm
＝
加针到35针

2
cm
＝
8
行

（单松紧针）
3号针

34针起针之
后织成环状

□ =│ 下针

─ =上针

ℓ =扭针

⟋ =左上2针并1针

● =套收针

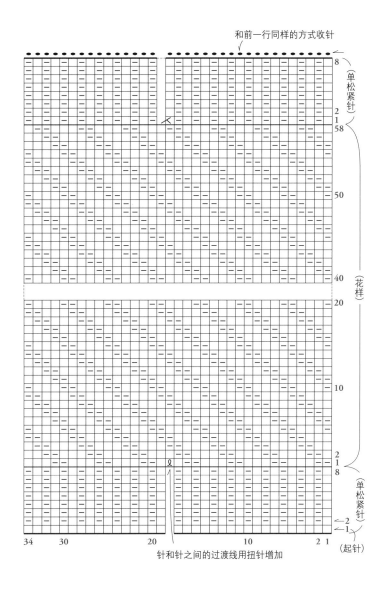

和前一行同样的方式收针

8
（单松紧针）
2
1
58

50

40　（花样）

20

10

2
1
8
（单松紧针）
2
1
（起针）

34　30　20　10　2 1

针和针之间的过渡线用扭针增加

扭针加针方法 ℓ

1 按照箭头指示穿针与针之间的过渡线。

2 穿过左针上的针眼，将右针插入之后下针编织。

3 扭针加针1针完成。因为前一行是扭针，所以加针部分不会有空隙。

暖腿套

6 个月～
如何制作…第 63 页

保暖的暖腿套，能把整个小腿温柔地包裹起来。
上下针编织方法十分简单，所以推荐给初学者。

设计…Naomi Kanno

连衫裤

6 ～ 18 个月
如何制作…第 66 页

能够包住肚子和小屁股的连衫裤。方便身体活动，十分适合刚学会爬的宝宝穿。
在肩部和裆部都留有纽扣，穿脱十分方便。

设计…河合真弓
制作…关谷幸子

准备材料
有机纯棉毛线,灰色165 g
双头钩针5/0号
纽扣11粒(直径1.5 cm)
密度
花样编织　21针×8行=10 cm×10 cm
尺寸
胸围60 cm,衣长48.5 cm

编织方法　1股线编织

❶ 后片锁针30针起针,以花样编织5行下裆右侧。同样的针法起针,织到下裆左侧第5行。

❷ 从第6行开始继续编织下裆左右侧。肩部用短针织3行。

❸ 前后片用相同的要领编织,肩部的短针织部分需要留出扣眼。

❹ 侧身用缝纫针缝合。

❺ 下摆位置也用短针编织。

❻ 领窝、袖窝、下裆都用短针编织,在指定位置留出扣眼。

❼ 缝上纽扣。

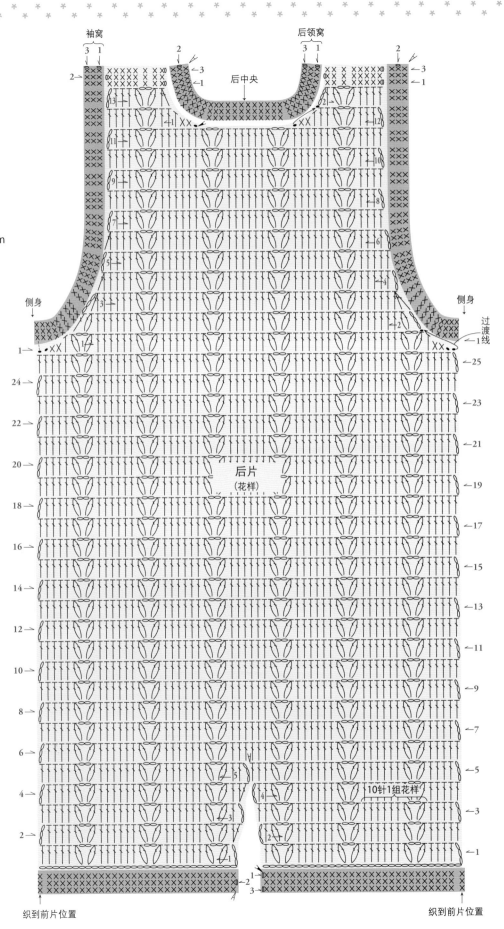

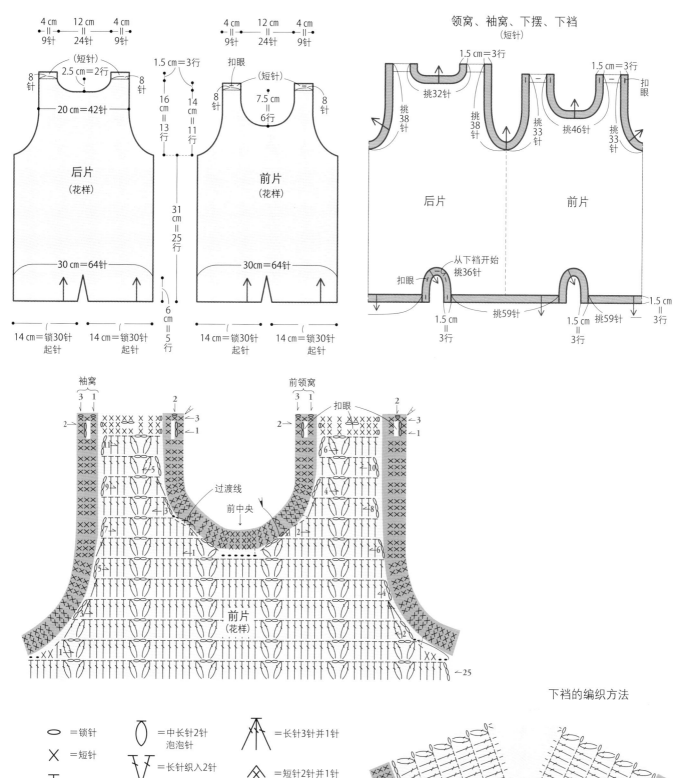

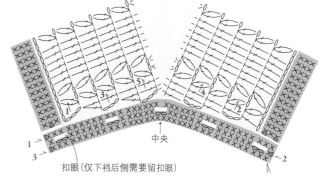

短裤

6～18个月
如何制作…第70页

春、夏、秋三季都能够穿的纯棉线短裤。
编织起来稍稍有点难度，臀部比较宽松，也增加了一定的立体感。
既好穿脱又方便活动，是织给刚学会走路的宝宝的不二之选。

设计…Yumiko Kawaji

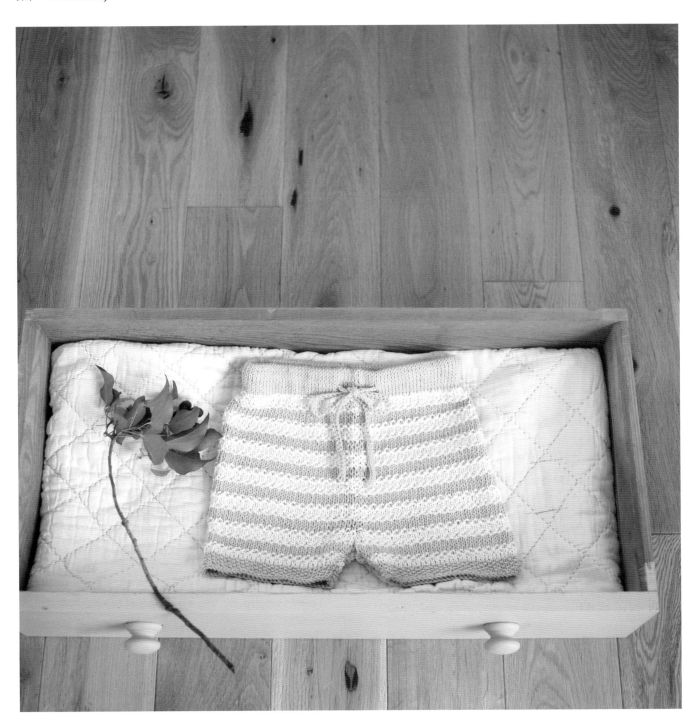

连衣裙

18 ～ 24 个月
如何制作…第 72 页

镂空的、轻柔的可爱连衣裙，小女孩们会很喜欢吧。
等到个子稍微长高一点的时候，也能当成短上衣来穿。

设计…横山纯子

短裤 photo … 第 68 页

准备材料

有机纯棉毛线

蓝色 50 g，绿色 20 g，本白色 25 g

6 号、5 号棒针，各 2 根

双头钩针 5/0 号

松紧带 49 cm（宽 2.5 cm）

密度

花样编织　22 针 × 32 行 = 10 cm × 10 cm

尺寸

臀围 47 cm，裤长 25 cm

编织方法　1 股线编织

❶ 一般针法织 66 针起针，按照图示往返编织 56 行（参考第 95 页）。

❷ 上下针编织腰带部分，织完收针。

❸ 放掉起针之后挑针织，脚口部用双网眼针编织，织完收针。

❹ 相同方法编织另外一片。

❺ 将短裤左、右片裆下部分对应缝合。

❻ 使用缝纫针缝合裆部。

❼ 编织绳子，松紧带的一端重合 2 cm 缝成环状。

❽ 将腰部对折，穿过绳子和松紧带后，将绳子两端从指定位置抽出，完成。

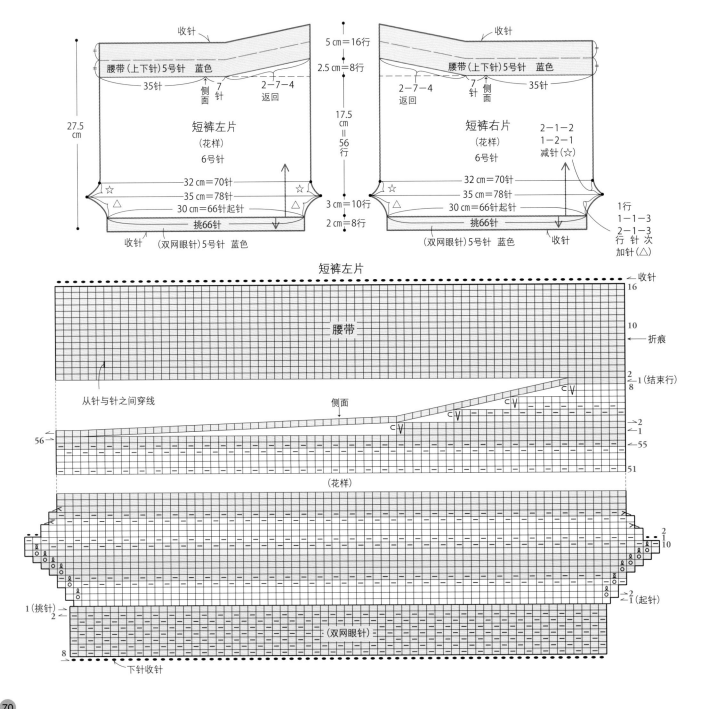

短裤右片

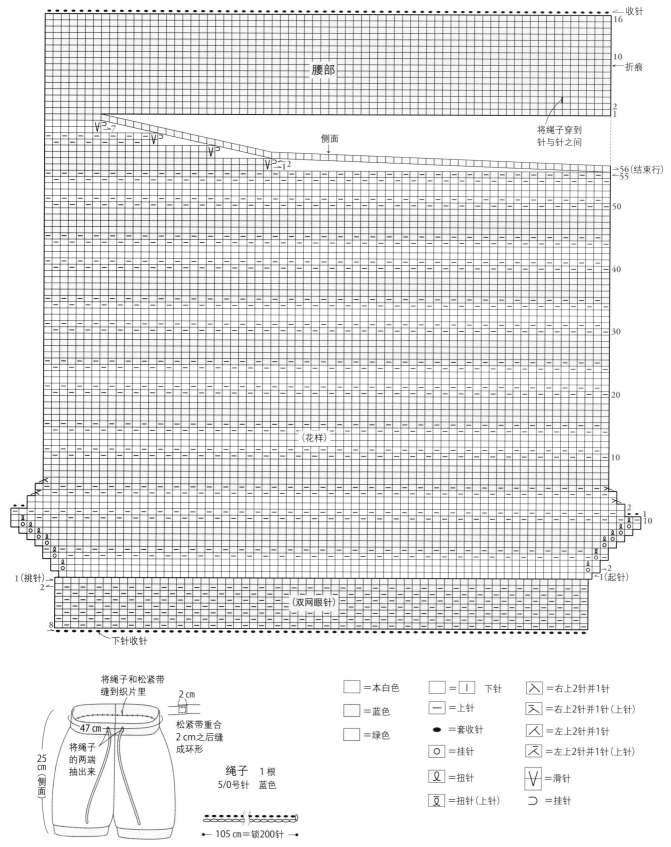

←收针
16
10
←折痕
腰部
2
1
将绳子穿到
针与针之间
V⊃→7
V⊃
V⊃
侧面
V⊃→12
→56(结束行)
→55
50
40
30
(花样)
10
2
1
→10
1(挑针)
2
1(起针)
→2
←1(起针)
(双网眼针)
8
下针收针

将绳子和松紧带
缝到织片里
2 cm
□=本白色   □= | 下针   ∧=右上2针并1针
□=蓝色   —=上针   ⋌=右上2针并1针(上针)
□=绿色   ●=套收针   人=左上2针并1针
47 cm   松紧带重合   O=挂针   ⋋=左上2针并1针(上针)
将绳子   2 cm之后缝   Ω=扭针   V=滑针
的两端   成环形   Ω=扭针(上针)   ⊃=挂针
抽出来
25 cm(侧面)

绳子 1根
5/0号针 蓝色

←105 cm=锁200针→

71

连衣裙　photo … 第 69 页

准备材料

有机纯棉毛线,粉色135 g
6号,棒针2根
双头钩针4/0号
纽扣3粒(直径1.5 cm)
密度　花样编织　21针×30行=10 cm×10 cm
　　　　双松紧针　25针×30行=10 cm×10 cm
尺寸　衣长39.5 cm,肩宽26 cm

编织方法　1股线编织,除边缘以外都用6号针编织

❶　裙子后片用一般针法起针织92针,平针织6行。再按花样继续编织。

❷　用双松紧针编织后片,第1行减针编织。

❸　裙子前片、上身前片用同样的方式编织。

❹　肩部引拔针拼接缝合,侧身用缝纫针缝合。

❺　用钩针沿边缘钩织领窝和袖窝。

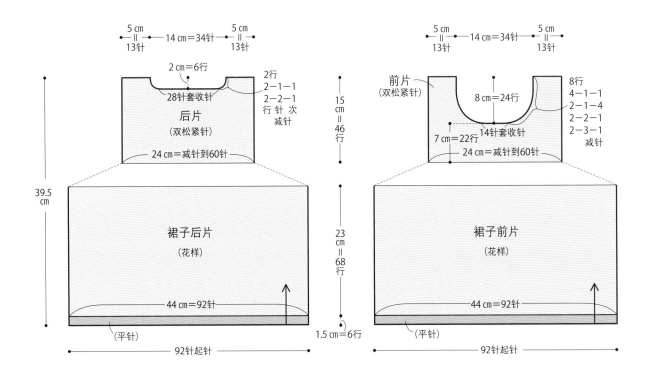

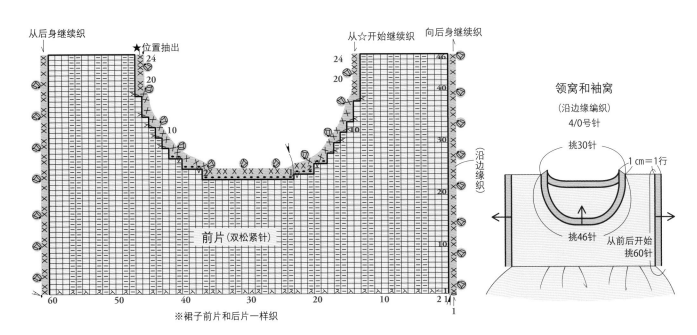

※裙子前片和后片一样织

领窝和袖窝
(沿边缘编织)
4/0号针

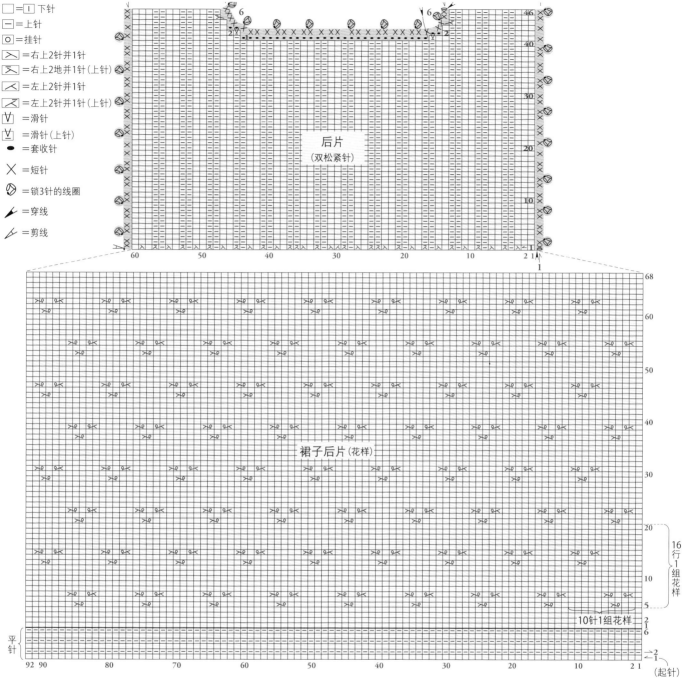

说明（图例）：

- □ = | = 下针
- 一 = 上针
- O = 挂针
- ⟩ = 右上2针并1针
- ⟩ = 右上2地并1针（上针）
- ⟨ = 左上2针并1针
- ⟨ = 左上2针并1针（上针）
- V = 滑针
- V = 滑针（上针）
- ● = 套收针
- X = 短针
- ⬧ = 锁3针的线圈
- ✎ = 穿线
- ✎ = 剪线

后片
（双松紧针）

裙子后片（花样）

16行1组花样

10针1组花样

平针

（起针）

花样编织

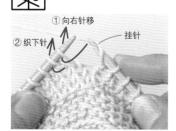

1 挂针编织，接着右上2针并1针（第33页的步骤35～37）。

①向右针移
②织下针
挂针

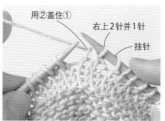

2 编织完成的样子。☒ 编织好了。

用②盖住①
右上2针并1针
挂针

3 ☒ 首先左上2针并1针（第32页的步骤32、33）。

4 接着挂针编织。☒ 编织好了。

挂针
左上2针并1针

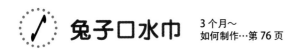

兔子口水巾

3 个月～
如何制作…第 76 页

将这个可爱的兔子口水巾作为小朋友的出生礼物怎么样？
适合宝宝外出或者拍照的时候使用。从小兔子可爱的表情里，能看到发自内心的笑容吧。

设计…横山纯子

泡泡针小靴子

6～12 个月
如何制作…第 77 页

能温暖宝宝小脚丫的靴子。带纽扣的设计，令穿脱都变得很方便。
因为鞋底没有防滑的设计，所以这款小靴子更适合还不会走路的小宝宝穿。

设计…Naomi Kanno

兔子口水巾 photo … 第74页

准备材料
有机纯棉毛线,本白色25 g,灰色少许
双头钩针5/0号
纽扣1粒(直径1.8 cm)
密度
花样编织　21针×13.5行=10 cm
尺寸
参照图片

编织方法　1股线编织

❶ 锁针30针起针之后,将线剪断。
❷ 穿上新的线,两侧按照图示加针编织18行,接着不加减针编织左耳的16行。
❸ 穿上新的线编织右耳,在第15行留出扣眼位置。
❹ 接着用短针编织边缘部分1行。
❺ 脸部刺绣处理(刺绣基础参考第49页)。

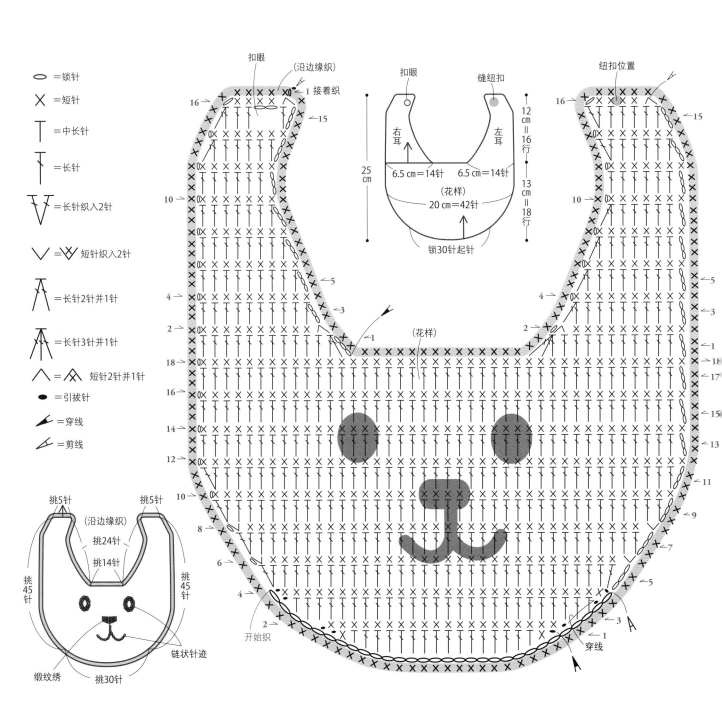

符号说明:
〇=锁针
✕=短针
┬=中长针
┠=长针
∨(长针)=长针织入2针
∨(短针)=短针织入2针
⋀=长针2针并1针
⋀=长针3针并1针
⋀=短针2针并1针
●=引拔针
✎=穿线
✎=剪线

泡泡针小靴子　photo … 第75页

准备材料
有机纯棉毛线,灰色45 g
双头钩针5/0号
纽扣2粒（直径2 cm）
密度
中长针编织　19针×7行=10 cm×4.5 cm
花样编织　19针×5行=10 cm×4 cm
尺寸
脚长11 cm

编织方法　1股线编织
① 鞋底锁12针起针,以短针和中长针加针编织。
② 用中长针编织侧面,减针编织脚尖和脚后跟。
③ 对称编织左右脚的脚口。接缝部位锁14针起针,从侧面挑针用花样编织,注意留出扣眼。
④ 缝上纽扣。

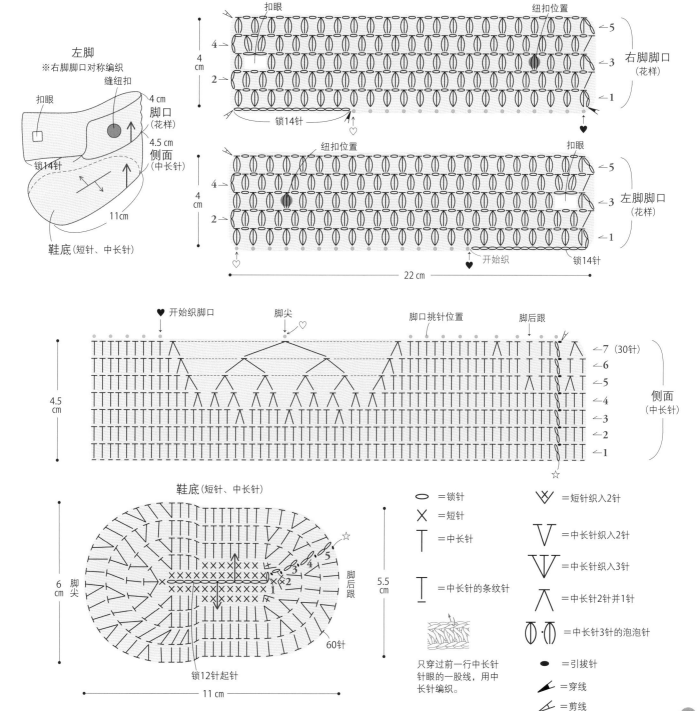

左脚
※右脚脚口对称编织

扣眼
缝纽扣
锁14针
脚口（花样）
侧面（中长针）
11cm
鞋底（短针、中长针）

扣眼　纽扣位置　　　　　　纽扣位置
右脚脚口（花样）
锁14针

纽扣位置　　　　扣眼
左脚脚口（花样）
开始织　锁14针
22 cm

开始织脚口　脚尖　脚口挑针位置　脚后跟
侧面（中长针）
7（30针）6 5 4 3 2 1

鞋底（短针、中长针）
脚尖　脚后跟
锁12针起针
60针
11 cm
6 cm
5.5 cm

○=锁针
X=短针
T=中长针
I=中长针的条纹针
只穿过前一行中长针针眼的一股线,用中长针编织。

W=短针织入2针
V=中长针织入2针
W=中长针织入3针
A=中长针2针并1针
◒=中长针3针的泡泡针
●=引拔针
↗=穿线
↗=剪线

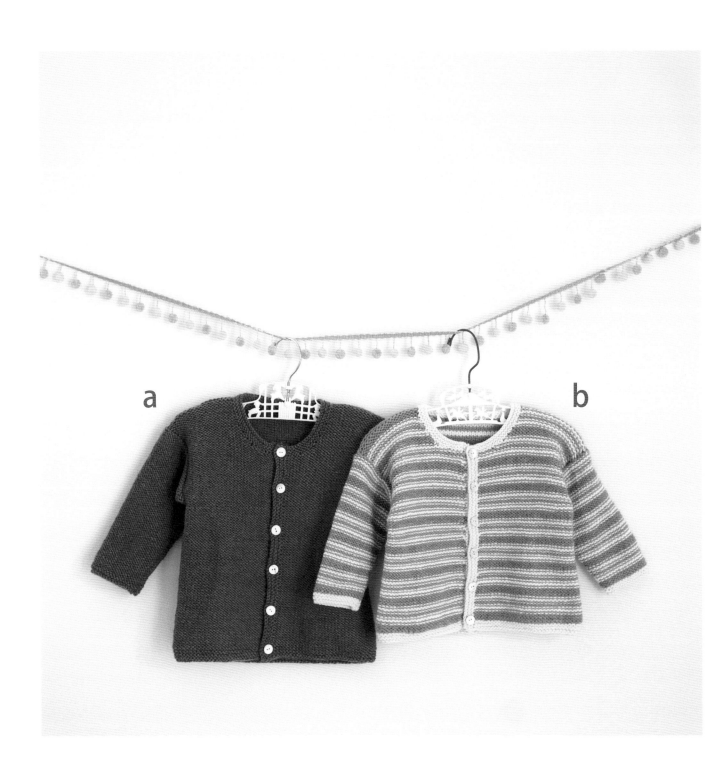

这是一件方便穿脱，款式简洁的单品。

"H"形的衣身使得编织起来也十分容易。

b 款是充满朝气的条纹色，颜色搭配的不同会产生不一样的效果，请根据自己的喜好选择配色。

设计…风工房

无领开衫 photo … 第78页

a

b

c

准备材料
毛腈混纺线
a 墨水蓝色130 g
b 冰蓝色35 g、草绿色、橙色各
25 g，水蓝色、柠檬黄色各20 g
c 珊瑚粉色115g
6号、4号棒针，各2根
纽扣6粒（直径1.3 cm）
密度
上下针编织
21针×29行=10 cm×10 cm
尺寸
a 胸围59 cm，衣长35.5 cm，
袖长36.5 cm
b、c 胸围59 cm，衣长30.5 cm，
袖长34 cm

编织方法　1股线编织，b款用
指定的配色编织
❶ 前后片用一般起针法织122
针，平针编织6行。
❷ 更换成6号棒针之后，上下
针编织侧身。
❸ 前后片分别织到肩膀位置。
❹ 肩部引拔针拼接缝合。
❺ 袖子处挑针，用上下针和平
针往返编织，袖子下方用缝纫
针缝合。
❻ 从领窝处挑针，平针织完之
后，从织片里侧收针。
❼ 前襟处挑针，平针编织完之
后从织片里侧收针，前襟上要
留出扣眼位置。
❽ 缝上纽扣，完成。

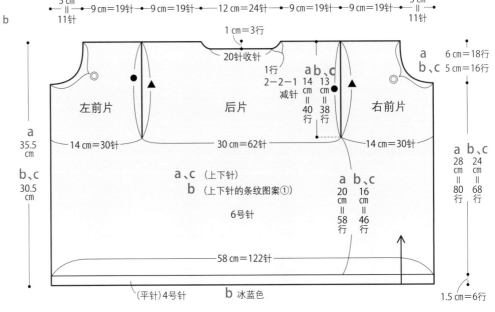

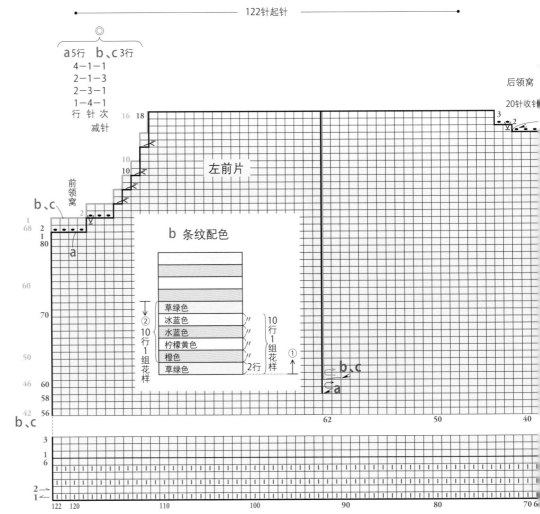

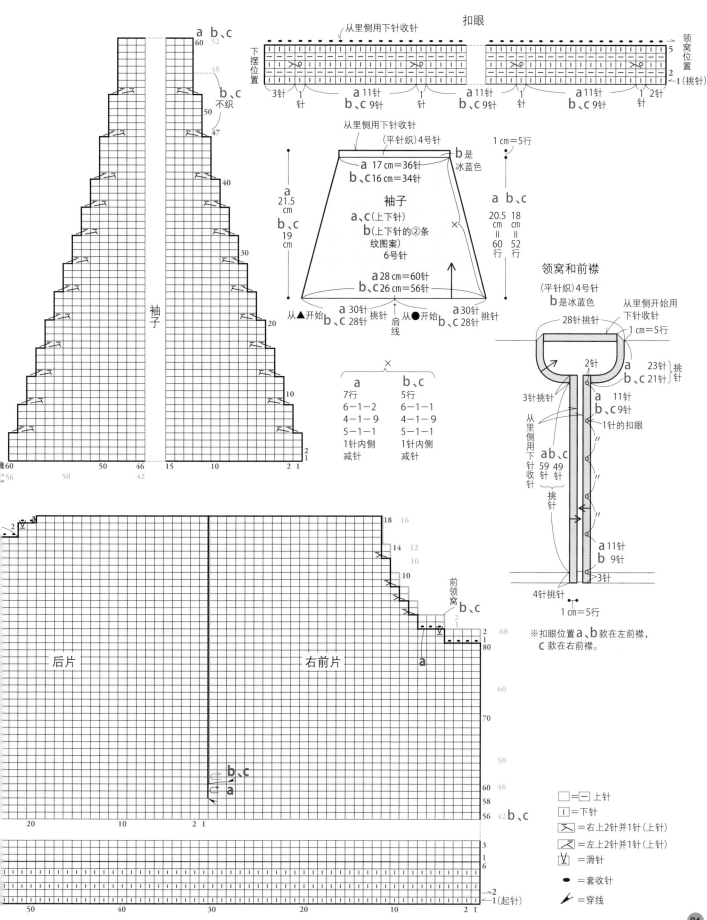

帽子和围脖

6个月～
如何制作…第84页

帽顶稍微有点尖的可爱小帽子。连耳朵都能护住，很适合宝宝在寒冷天气外出游玩时戴着。
缝有纽扣的围脖，即使小朋友来回跑动也不会从脖子上滑落。

设计…野口智子

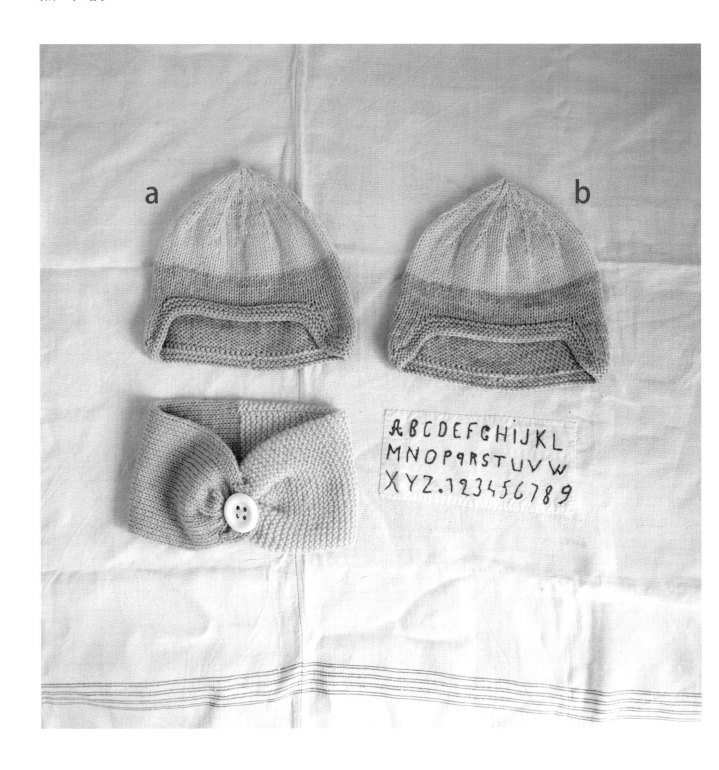

海军风无领开衫 12 ～ 18 个月
如何制作…第 86 页

男孩女孩都适合的休闲款海军风针织无领开衫。
因为需要编织的行数很少，可以能很快完成，所以适合推荐给初学者。

设计…河合真弓
制作…松本良子

帽子和围脖 photo … 第82页

准备材料

毛腈混纺线

【帽子】a 紫色20 g，珊瑚粉色15 g
　　　　　b 灰色20 g，淡蓝色15 g

【围脖】紫色30 g，珊瑚粉色40 g

6号特长棒针，4根

纽扣1粒（直径4 cm）

密度【帽子】上下针　19针×28行＝10 cm×10 cm

　　　【围脖】平针织　20针×36行＝10 cm×10 cm

　　　　　　　上下针　20针×26行＝10 cm×10 cm

尺寸【帽子】头围44 cm，帽深参考图片

　　　【围脖】宽12.5 cm，长50 cm

编织方法

帽子　1股线编织（按配色表编织）

❶ 一般针法起针56针，用上下针循环编13行。

❷ 卷针加针织28针，编织10行织成环状。

❸ 改变颜色织12行，帽顶按照图示减针，剩下的6针穿上线之后系紧。

❹ 开始挑针织脸部一周，平针编织6行后收针。

围脖　1股线编织（按配色表编织）

❶ 一般针法起针50针织成环状，平针编织90行。

❷ 改变颜色用上下针编织65行，最后一行的针眼中穿线系紧。

❸ 起针针眼里穿线，系紧。

❹ 线圈部分用同样的针法起针，单松紧针编织18行，编织完成之后缝在围脖一端。

❺ 缝上纽扣。

配色表

	A色	B色
a	紫色	珊瑚粉色
b	灰色	淡蓝色

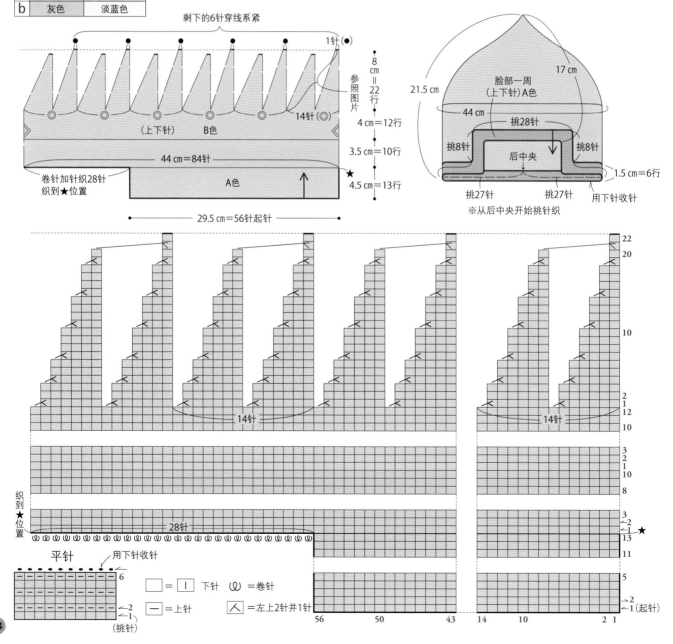

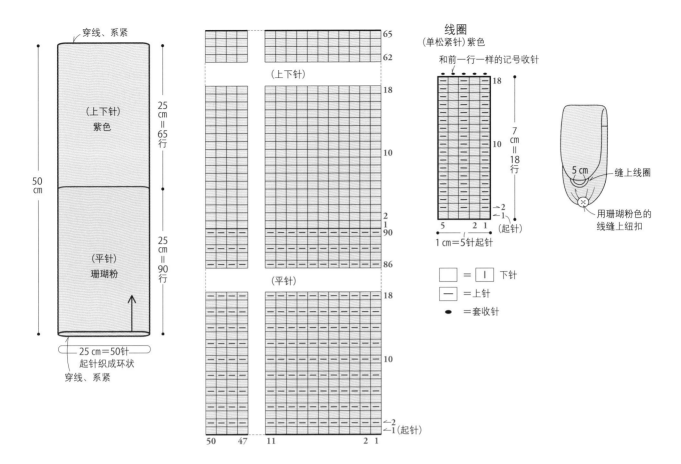

穿线、系紧

（上下针）
紫色

50 cm

25 cm＝65行

25 cm＝90行

（平针）
珊瑚粉

25 cm＝50针
起针织成环状

穿线、系紧

65
62
（上下针）
18
10
2
1
90
86
（平针）
18
10
2（起针）
1
50　47　11　2　1

线圈
（单松紧针）紫色
和前一行一样的记号收针

18
7 cm＝18行
10
2
1（起针）
5　　2　1
1 cm＝5针起针

□ = | 下针
— = 上针
● = 套收针

缝上线圈
5 cm
用珊瑚粉色的线缝上纽扣

帽子/卷针加针织成环状

* 为了便于理解，改变了部分线的颜色进行说明。

第13行

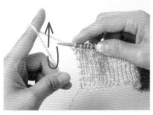

1 56针织完之后，用卷针的方式加针。左手的食指钩住线，按照箭头指示穿针。

2 将线抽紧之后线就卷曲起来了。

3 重复步骤1、2，织28针起针。合计84针。

环状织法第1行

4 将84针在3根针上三等分（参考第38页的步骤2）。

5 用第4根针织成环状。按照箭头指示将针插入卷针加针的针眼里，编织下针。

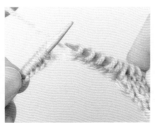

6 用同样的针法继续织。这一行之后也继续织成环状。

挑针的方法

起针

1 平针部分是从起针位置开始挑针织。按照图示指示，用棒针将针眼挑起。

2 行的部分是将针插入一端的一针挑针。从第13行开始是挑8针，将行空出再挑针。

85

海军风无领开衫 photo … 第 83 页

准备材料
毛腈混纺线
深蓝色5 g,本白色25 g,红色20 g
双头钩针5/0号
纽扣5粒（直径1.3 cm）
密度
花样编织　22针×11行=10 cm×10 cm
尺寸
胸围65 cm,衣长33 cm,袖长35 cm

编织方法　1股线编织
❶ 后片锁70针起针,按花样编织。
❷ 前片锁34针起针,左右片对称编织。
❸ 袖子也用同样的针法起针,按花样编织。
❹ 肩部外表正面对齐之后,卷针缝合,侧身、袖子下方锁针缝合。
❺ 下摆、前端、领窝处沿边缘编织。
❻ 袖口处沿边缘编织。身体部分和袖子部分的织片卷针拼接缝合。
❼ 左前片的扣眼用锁扣眼针法编织。
❽ 缝上纽扣。

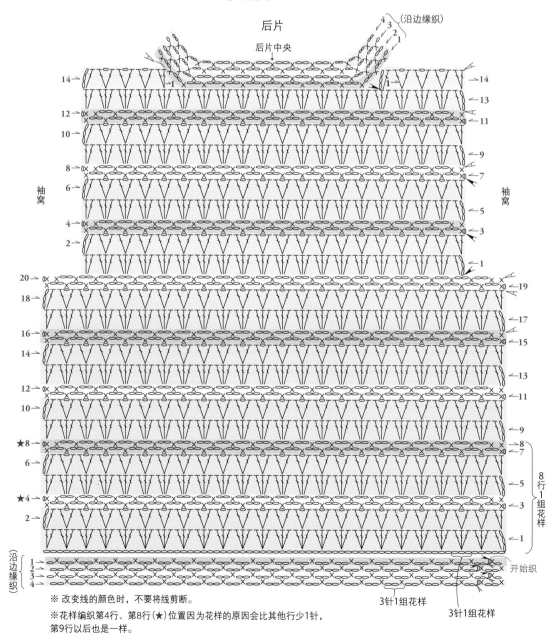

※ 改变线的颜色时,不要将线剪断。

※花样编织第4行、第8行(★)位置因为花样的原因会比其他行少1针,
第9行以后也是一样。

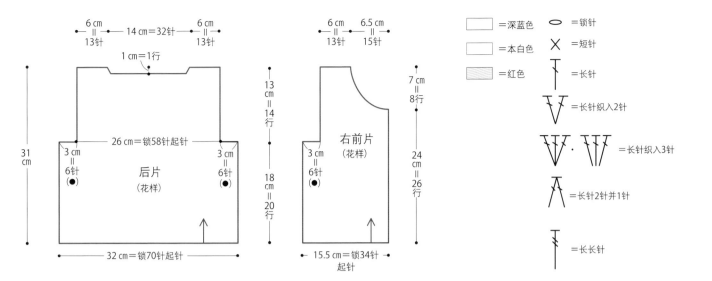

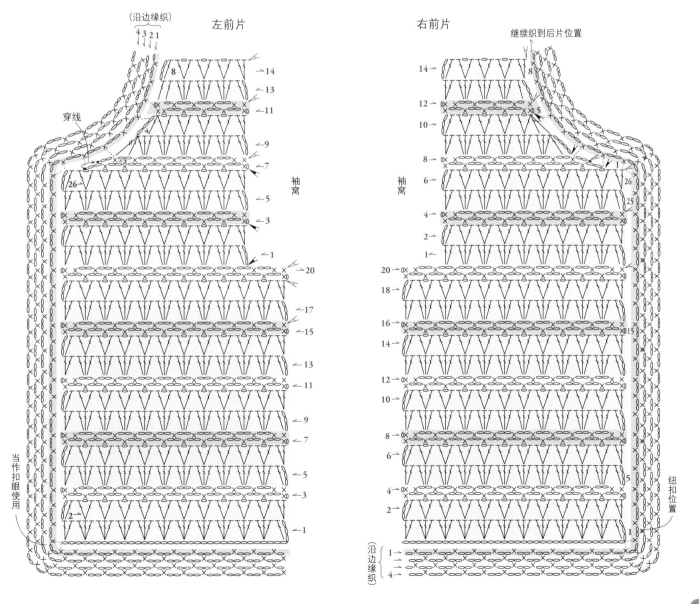

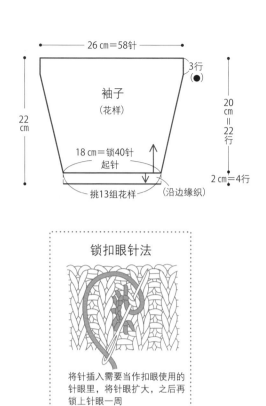

袖子
（花样）

26 cm＝58针
3行
（●）

22 cm

20 cm ＝ 22行

18 cm＝锁40针 起针

挑13组花样 （沿边缘织）

2 cm＝4行

领窝、前襟、下摆
（沿边缘织）

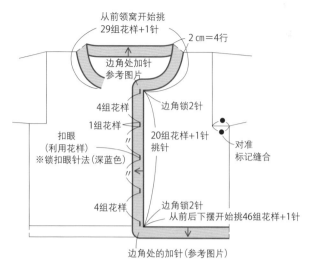

从前领窝开始挑 29组花样+1针

2 cm＝4行

边角处加针 参考图片

4组花样

1组花样

扣眼 （利用花样） ※锁扣眼针法（深蓝色）

边角锁2针

20组花样+1针 挑针

对准 标记缝合

4组花样

边角锁2针

从前后下摆开始挑46组花样+1针

边角处的加针（参考图片）

锁扣眼针法

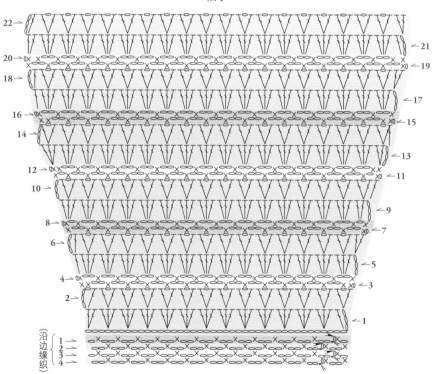

将针插入需要当作扣眼使用的 针眼里，将针眼扩大，之后再 锁上针眼一周 ※这里展示的织片和作品不同

袖子

22→
20→
18→
16→
14→
12→
10→
8→
6→
4→
2→

←21
←19
←17
←15
←13
←11
←9
←7
←5
←3
←1

（沿边缘织）
1→
2→
3→
4→

花样和沿边缘织

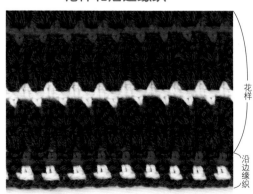

花样

沿边缘织

钩针编织基础

［编织记号］

锁针					

锁针 ○ ⬡⬡⬡

 1 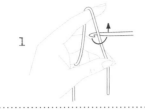 2 3 钩住线端，钩紧织成环状 4  5

短针 ✕

1  1针锁针
锁针织1针（起针针），将钩针穿到起针的第1针里。

2
按照图示将线钩出。

3
钩住线，将针上的线圈一起钩出。

4
织完1针。短针针法里，竖着的锁针部分不计算在总针数里（如图）。

5
重复步骤1~3。

6

中长针 ⊤

1  2针锁针
锁针织2针（起立针），钩针钩住线，穿到起针第2针里。

2
钩住线，按照图示将线抽出约锁针2针的高度。

3
钩住线，将针上的线圈一起钩出。

4
1针编织完成（锁针的1针算在总针数里）。

5
重复步骤1~3。

6

长针 ⊤

1  3针锁针
锁针织3针（起立针），钩针钩住线，穿到起针第2针里。

2
钩住线，按照图示将线抽出一行约1/2的高度。

3
钩住线，将线抽出一行的高度。

4
钩住线，将针上的线圈一起钩出。

5
1针编织完成（锁针的1针算在总针数里）。

6
重复步骤1~4。

长长针

1  4针锁针
锁针织4针（起立针），钩针钩住2圈线，穿到起针第2针里。

2
钩住线，按照图示将线抽出一行约1/3的高度。

3
钩住线，将针上的2个线圈一起钩出。

4
钩住线，将针上的2个线圈一起钩出。

5
再将剩下的2个线圈一起钩出。

6
重复步骤1~5（锁针的1针算在总针数里）。

引拔针

1
将针插入前一行的针眼里。

2
钩针钩住线，按照箭头指示将线钩出。

3
重复步骤1、2，注意不要让针眼都缩到一起了。

短针
织入2针

1
短针织1针，在同一针上再织一次。

2
1针加针。

短针
织入3针

用"短针织入2针"一样的要领在同一针的位置上3次插入针编织短针。

长针
织入2针

1
长针织1针，在同一针上再织一次。

2
整理好针眼的高度之后长针织。

3
1针加针。

中长针
织入2针

中长针织1针，在同一针上将针插入之后再织一次中长针。

即便编织针数增加了，也还是依照同样的要领编织。

即便编织针数增加了，也还是依照同样的要领编织。

短针2针并1针

1
将第1针的线钩出，接着将线从下面一针的针眼中抽出。

2
钩针钩住线，将针上的线圈一块钩出。

3
短针织的2针变成了1针。

和 的区别

底部
连在一起

将针插入前一行的1扣里。

底部
分开

将针穿过前一行锁针部分的全部线圈。

长针2针并1针

1
长针织到一半，将针插入下一针中将线抽出。

2
继续长针织。

3
整理好2针的高度之后，用钩针一并钩出。

4
长针2针变成1针。

中长针2针
并1针

※中长针2针并1针也是用相同的要领编织。

中长针3针的
泡泡针

1
钩针钩住线，按照图示插针，将线钩出（未完成的中长针编织）。

2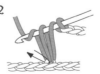
在同一针上编织未完成的中长针。

3
在同一针上再织1针未完成的中长针，整理好3针针眼的高度之后，用钩针一并钩出。

4

※针数改变，要领也还是相同的。

长针3针的
泡泡针

1
织到长针的一半（未完成的长针编织）。

2
在同一针上编织未完成的长针编织。

3
在同一针上再织一针未完成的长针编织，整理好3针针眼的高度之后，用钩针一并钩出。

长针2针的
泡泡针

※长针2针的泡泡针也是用相同的要领编织。

锁针3针的线圈

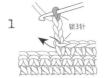

锁3针。按照图示指示用钩针钩住短针针眼的2股线。

钩针钩住线，将所有的线一并钩出。

完成。下面继续编织短针。

[开始编织]

·起立针的针眼向上织的方法

（穿过锁针的半针和线结的方法）

（只穿过锁针线结的方法）

用钩针穿过锁针对侧方向和线结的2股线。

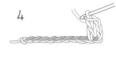

起立针变得规整漂亮。

·线端织成环状的起针方法（1圈）

钩针钩住线，按照图示箭头指示将线钩出。

编织起立针。

织到线圈里。

线端的线也织进去。

编织完指定的针数之后，将线端系紧。按照图示将针插入第1针里。

钩针钩住线之后将线钩出。

[线的过渡方法]

将针眼扩大之后穿入线，将织片翻转过来。

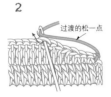

编织下一行。

[改变颜色的方法] 织成环状的情况

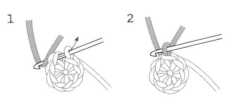

将新的线钩入改变颜色前最后一针的针眼中继续编织。

[缝合、拼接]

卷针缝合（全针）

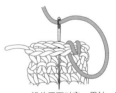

织片正面对齐，用针一针一针穿过短针针眼的2股线中。

锁针缝合

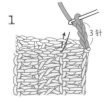

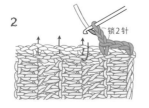

织片正面对齐，钩针穿过起针一端的一针将线钩出，锁针编织织片1行的长度之后，以短针编织。

锁针、短针一行行交替编织（根据图案的不同，锁针的针数也不一样）。

锁针拼接

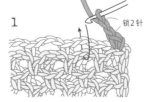

织片正面对齐，锁针编织（针数根据织片的不同会有变化），钩针钩住2个线圈之后以短针编织。

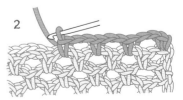

继续编织，注意不要织得太松。

棒针编织基础

[计算方法]

在棒针的图示上,有下图的袖窝或者领窝等的减针标识。数字的含义请参考以下:

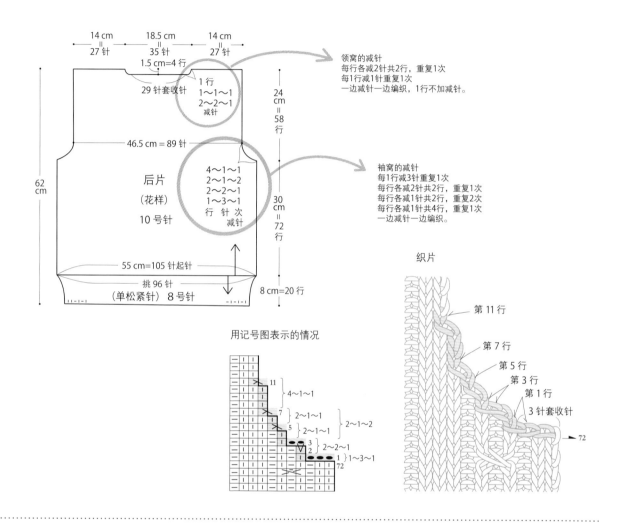

领窝的减针
每行各减2针共2行,重复1次
每1行减1针重复1次
一边减针一边编织,1行不加减针。

袖窝的减针
每1行减3针重复1次
每行各减2针共2行,重复1次
每行各减1针共2行,重复2次
每行各减1针共4行,重复1次
一边减针一边编织。

织片

用记号图表示的情况

[一般起针法]

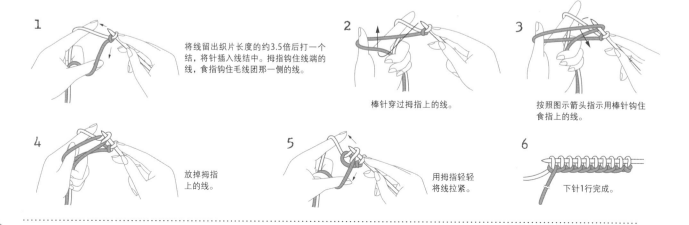

1
将线留出织片长度的约3.5倍后打一个结,将针插入线结中。拇指钩住线端的线,食指钩住毛线团那一侧的线。

2
棒针穿过拇指上的线。

3
按照图示箭头指示用棒针钩住食指上的线。

4
放掉拇指上的线。

5
用拇指轻轻将线拉紧。

6
下针1行完成。

［编织记号］

下针 |

1　将线放到对侧，将棒针从手前这一侧插入。

2　按照图示穿线，按箭头方向将线抽出。

3

上针 ー

1　将线放到手前这一侧，将棒针从对侧插入。

2　按照图示穿线，按箭头方向将线抽出。

3

套收针 ●

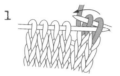

1　一端的第1针和第2针用下针编织，用第2针盖住第1针。

2　编织下一针。

3　将右侧的针盖住，重复步骤2～3。

4　最后将线端留出一小节之后剪断，处理进最后一针的针眼中。

右上2针并1针 入

1　最开始一针不织直接向右移动，下一针用下针编织。

2　将左针插入最开始的一针里将织好的针眼盖住。

3

右上2针并1针（上针） 又

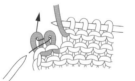

将左针按照箭头指示插入针扣，2针并1针编织上针。

挂针 ○

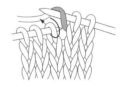

不用编织直接将线挂在针上。

左上2针并1针 人

1　将针从手前方向2针并1针插入。

2　2针并1针下针编织。

3

左上2针并1针（上针） 又

将右针按箭头指示插入针扣，2针并1针编织上针。

卷针 ꝟ

扭针 Q

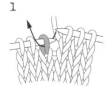

1　将针按照图示指示插入针眼。

2　和下针一样编织。

3　一行下面的针眼成扭曲状态。

扭针（上针） Q̱

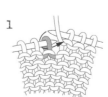

1　将针按照图示指示插入针眼。

2　和上针一样编织。

一端1针减针方法

右侧

1

编织下针。

不要编织直接往右针移动。

2

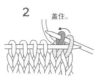

盖住。

3

在里侧减针的情况

将左针按照箭头指示插入。

左侧

1

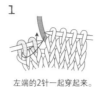

左端的2针一起穿起来。

2

2针并1针。

3

一端2针以上的减针方法

右侧

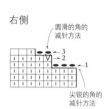

圆滑的角的减针方法

尖锐的角的减针方法

1 第1行

下针织2针。

2

将第1针盖住。

3

织下面一针，将右边的针盖住。

4

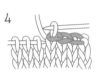

重复步骤3。

5 第3行

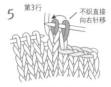

第1针不织直接向右针移动。第2针织之后将右边的针盖住。

不织直接向右针移

6

编织下一针。

7

将右边的针盖住。

8

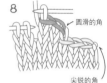

尖锐的角

一端2针以上的减针方法

左侧

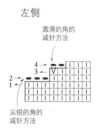

圆滑的角的减针方法

尖锐的角的减针方法

1 第2行

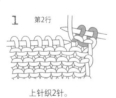

上针织2针。

2

将第1针盖住。

3

织下面一针，将右边的针盖住。

4

重复步骤3。

5 第4行

第1针不织直接向右针移动。第2针织之后将右边的针盖住。

不织直接向右针移

6

编织下一针，将右侧针眼盖住。

盖住

7

8

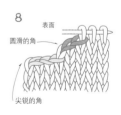

表面

圆滑的角

尖锐的角

扭针加针方法

右侧

1

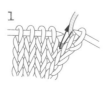

用右针穿上第1针和第2针之间的过渡线。

2

编织扭针。

3

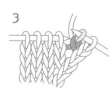

94

每2行留几针不织
之后往返织

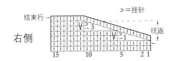 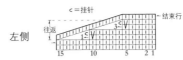

右侧　　　　　　　⊃=挂针　　　　⊂=挂针　　　左侧

右侧

1
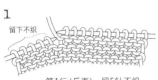
留下不织
第1行(反面)。留5针不织。

2
滑针
(不织向右针移)　挂针

第2行(表面)。返回织片表面，
挂针之后滑针织，最后织下针。

3
留5针　　　下一行滑针
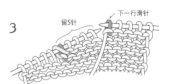
第3行(反面)。和第1行一样
留5针不织。

4
4针　滑针
　　　挂针
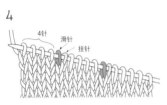
第4行(表面)。和第2行一样织。

5

结束行。
织到滑针位置，2针并1针
将挂针织到里侧。

6
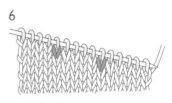
完成的样子。

左侧

1

留下不织
第1行(表面)。留5针不织。

2
滑针
(不织向右针移)　挂针

第2行(反面)。返回织片里面，
挂针之后滑针织，最后织上针。

3
留5针　　　下一行滑针
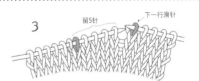
第3行(表面)。和第1行一样留5针不织。

4
4目　滑针
　　　挂针
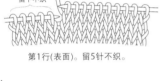
第4行(反面)。和第2行一样织。

5
2针并1针
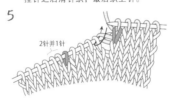
结束行。
织到滑针位置，将挂针和
下一针2针并1针编织。

6
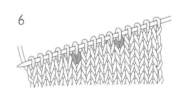
完成的样子(这是从织片表面看过来的)。

[缝合、拼接]

引拔针拼接缝合
将织片正面对齐。用钩针将对侧的针眼钩过来之后引拔针缝合。

1

将对侧的
针眼钩过来。

2
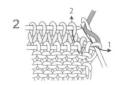

3
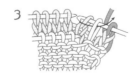

4

5

引拔针编织缝合
将织片正面对齐，使用钩针引拔针编织。
注意不要将织片缩到一起。

1
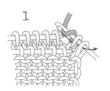

2

3
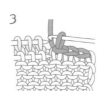

缝纫针缝合
用剩下的线，从下摆或者袖口位置用缝纫针缝合。

1

穿过2股线

2
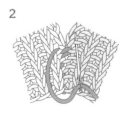

图书在版编目（CIP）数据

初次尝试编织宝宝衣装 / 日本朝日新闻出版编著；
杜怡萱译. — 上海：上海科学技术出版社，2017.8
　（手编Lesson）
　ISBN 978-7-5478-3530-2

　Ⅰ.①初… Ⅱ.①日… ②杜… Ⅲ.①童服－毛衣－
编织－图集 Ⅳ.①TS941.763.1-64

中国版本图书馆CIP数据核字（2017）第076944号

工作人员

作品设计：Mariko Oka　风工房　河合真弓　Yumiko Kawaji　　模　　特：Kenzy　Nona　遥　柚乃
　　　　　Naomi Kanno　野口智子　横山纯子　　　　　　　描　　图：大乐里美
图书设计：堀江京子（netz inc）　　　　　　　　　　　　　分解指导：Mariko Oka　河合真弓
摄　　影：松元绘理子（封面、卷首插图）　　　　　　　　　编　　辑：永谷千绘（Ritoruba-do）
　　　　　中辻涉（分解图、剪纸画）　　　　　　　　　　　编 辑 部：朝日新闻出版　生活・文化编辑部（森香织）
造　　型：Kaori Maeda

手编Lesson
初次尝试编织宝宝衣装

（日）朝日新闻出版　编著

杜怡萱　译

上海世纪出版股份有限公司
上海科学技术出版社　出版
（上海钦州南路71号　邮政编码200235）
上海世纪出版股份有限公司发行中心发行
200001　上海福建中路193号　www.ewen.co
上海书刊印刷有限公司印刷
开本 889×1194　1/16　印张 6
字数 200千字
2017年8月第1版　2017年8月第1次印刷
ISBN 978-7-5478-3530-2 / TS・207
定价：39.80元